农机修理工（中级）理论与实操教程

主　编　李显贵　温继峰
副主编　黄文光　邓小流　刘　杰　黄悦芬

北京理工大学出版社
BEIJING INSTITUTE OF TECHNOLOGY PRESS

内 容 提 要

本书以最新《农机修理工国家职业标准》《农机维修专项技能认证标准》为编写依据。全书分为两大块内容：实操与理论。实操部分为实操技能强化训练，以“适用，够用”为指导，以培养应用型技能人才为目标，以理论与实践一体化教学为手段，重点突出岗位能力的培养。本书是由李显贵主持的研究课题的成果转化而成。该基金项目是：2015年度广西职业教育教学改革立项项目（中职）《广西中职农业机械使用与维修专业建设的实践与探索》（项目编号：GXZZJG2015B021）。

本书共包含10个技能项目，主要有：零件图测绘、曲轴测量、柴油机基础、气门间隙调整、配气相位检查、单缸活塞连杆组拆检、供油提前角检查与调整、高低压油路故障检查与排除、起动电路故障检查排除、拖拉机底盘故障检查排除等内容。

理论知识复习部分为理论知识强化训练，包含职业常识、基础知识、柴油发动机构造及检修、拖拉机底盘构造及检修、拖拉机电气设备与电子控制装置、拖拉机维护与保养、安全生产与环境保护等内容。

本书图文并茂，通俗易懂，在每课题前有学习任务，课后有任务考核评价，不仅使学生能在老师的指导下容易了解掌握相应的理论基础知识，而且能同步转化为技能操作，达到理论与实践相结合的目的，可作为各类职业院校农机类相关专业农机修理工中级考试辅导练习书，也可作为相关从业人员的参考书。

图书在版编目（CIP）数据

农机修理工（中级）理论与实操教程／李显贵，温继峰主编．—北京：北京理工大学出版社，2019.5

ISBN 978－7－5682－6914－8

Ⅰ．①农… Ⅱ．①李… ②温… Ⅲ．①农业机械－机械维修－资格考试－自学参考资料 Ⅳ．①S220.7

中国版本图书馆CIP数据核字（2019）第066827号

出版发行／北京理工大学出版社有限责任公司
社　　址／北京市海淀区中关村南大街5号
邮　　编／100081
电　　话／（010）68914775（总编室）
（010）82562903（教材售后服务热线）
（010）68948351（其他图书服务热线）
网　　址／http：//www.bitpress.com.cn
经　　销／全国各地新华书店
印　　刷／北京佳创奇点彩色印刷有限公司
开　　本／787毫米×1092毫米　1/16
印　　张／4.5
字　　数／100千字
版　　次／2019年5月第1版　2019年5月第1次印刷
定　　价／23.00元

责任编辑／陆世立
文案编辑／陆世立
责任校对／周瑞红
责任印制／边心超

前言

PREFACE

目前，我国正在实行职业资格证书制度，取得职业资格证书已经成为劳动者就业上岗的必备条件，也是作为劳动者职业能力的客观评价。取得职业资格证书，不但是广大从业人员、待岗人员的迫切需要，而且已经成为各级各类普通教育院校、职业技术院校毕业生追求的目标。职业资格证书是劳动者求职、任职、开业的资格凭证，是用人单位招聘、录用劳动者的主要依据，是通向成功就业的金钥匙。为了帮助职业院校农机类相关专业学生顺利取得农机修理工中级工国家职业资格证书，推动职业资格证书制度的深入实施，加快技能人才的培养，编者组织广西地区多所职业院校有经验的教师编写了本书。

本书以国家技能考核鉴定题库的内容为编写重点，同时根据编者教学实践总结和学员考试反馈，采取按内容分类的形式，结合考试题库整合编写而成。在编写原则上，突出以职业能力为核心。教材编写贯穿“以职业标准为依据，以企业需求为导向，以职业能力为核心”的理念，依据国家职业标准，结合企业实际，反映岗位需求，突出新知识、新技术、新工艺、新方法，注重职业能力培养。本书题量充足，形式多样且实用性强，通过本书的练习，可以帮助农机修理工顺利通过国家职业技能鉴定相关考试科目，并能够系统地掌握从事农机修理所必需的专业知识。其中李显贵、温继峰负责本书的总体校编工作，黄文光负责项目一～项目五内容的编辑整理，邓小流负责项目六～项目七内容的编辑整理，刘杰负责项目八～项目九内容的编辑整理，黄悦芬负责项目十的内容编辑整理和文图处理。在编写本书的过程中，编者参考了农机修理工国家技能鉴定中级考试题库以及相关的文献和书籍，在此表示感谢。

由于时间仓促，缺乏经验，书中难免存在不足之处，恳请读者批评指正。

编　者

2019 年 2 月

目录

CONTENTS

项目一

零件图测绘

一、实训目的与重难点

1）实训目的：

①熟练掌握识图、绘图基本方法；

②在规定时间内正确绘制零件图。

2）实训重难点：

零件各部分尺寸的测量，零件图的尺寸标准。

二、实训内容

1. 实训工具

直尺、铅笔、橡皮。

2. 实训步骤

完成双头螺栓的零件图测绘，步骤如下。

1）测量零件的各部分尺寸要素，如图 1-1 所示。

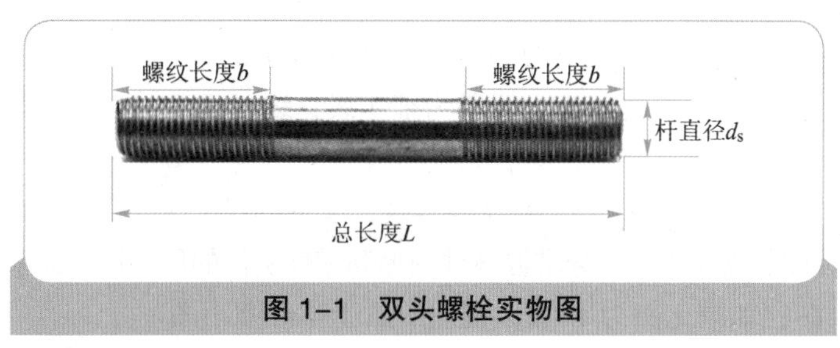

图 1-1　双头螺栓实物图

例如，部分测量数据如下。

①螺栓总长度：L=80 mm。

②螺栓两端有螺纹的长度：b=25 mm。

③螺纹的直径：d=12 mm。

④螺栓中间无螺纹部分直径：d_s=12 mm。

⑤螺纹外端倒角：C2。

2）根据测量的尺寸要素，用适当的比例按机械制图的要求画出能表达该零件构造的全部视图，一张规范的零件图纸必须具备四大基本内容：图框线、零件图、标题栏、技术要求，如图 1–2 所示。

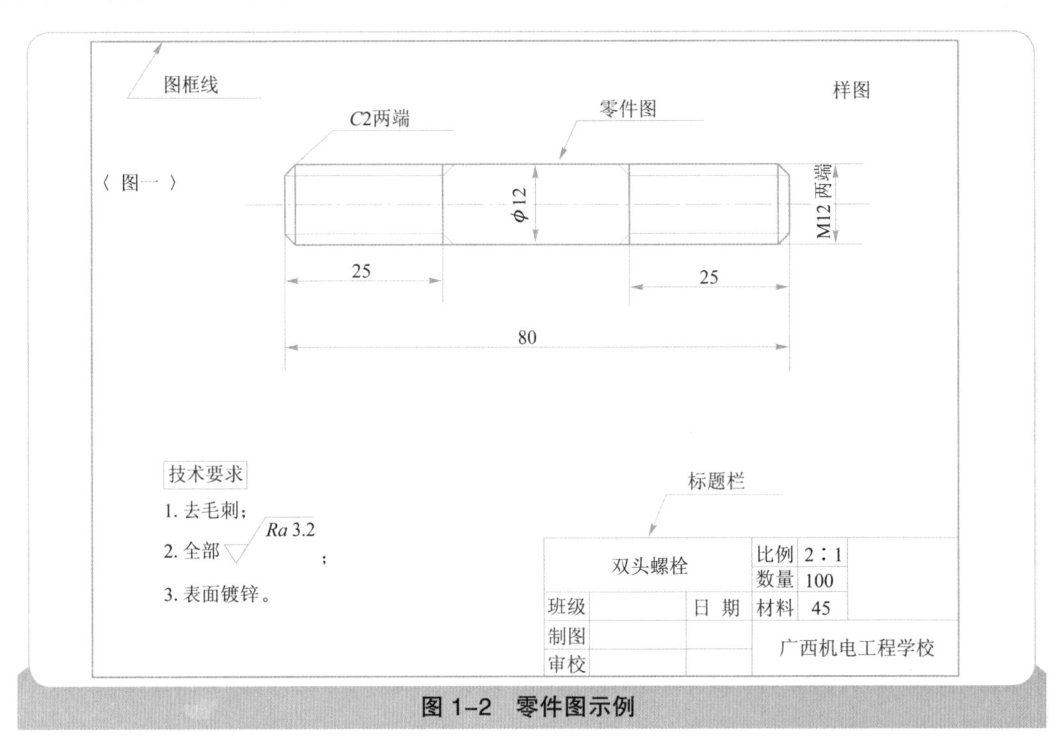

图 1–2　零件图示例

3）熟悉机械制图的画图常识与技巧。

在绘制零件图时，要使零件图表达准确，画图时图纸的正确使用与画法很重要。如果图线的使用与画法不正确，就很难表达出零件的真正构造。例如，上述样图中的双头螺栓图形就用到两种大小不一样的图线。

①粗实线：＿＿＿＿＿＿＿＿＿ b；

②细实线：＿＿＿＿＿＿＿＿＿ b/3~b/2。

在上述的样图中，粗实线表示双头螺栓的可见轮廓线，细实线表示螺纹线、尺寸界限线、尺寸指引线。粗实线和细实线在机械制图领域还有各种不同的用途，这两种图线的大小关系为粗实线是细实线的 2~3 倍。上述样图中还用到以下 3 种形状不同的图线。

①长实线：＿＿＿＿＿＿＿＿＿（包括粗实线与细实线）。

②点画线：— · — · — · — · — · —（线段为细实线，线段长 15 mm，线段之间空隔 3~4 mm，圆点居正中间）。

③指引线：＿＿＿＿＿＿＿＿＿（线条为细实线，箭头的尺寸为宽：长 =1：4）。

另外，在绘制零件图的操作中要充分掌握零件图形和零件实体的尺寸比例关系。如果比例为 2：1，则此图属于零件放大图；如果比例为 1：2，则此图属于零件缩小图。

4）零件图绘制的方法和技巧。

机械制图的画图方法和技巧是多种多样的，如何准确、高效地绘制零件图，这与画图的方法和技巧是有极大的关系。下面介绍一种绘制双头螺栓图的操作步骤和方法以供参考。

①在图纸上绘制图框线，如图 1–3 所示。每条图框线距离图纸边沿 10 mm。

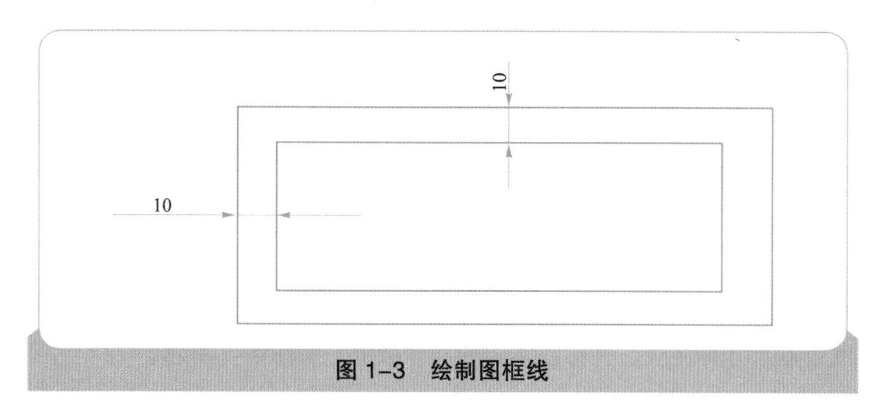

图 1–3　绘制图框线

②在图纸的适当地方用点画线绘制总长为 180 mm 的中心线，如图 1–4 所示。中心线距离左图框线 50 mm，距离上图框线 50 mm，总长度以 180 mm 为宜。

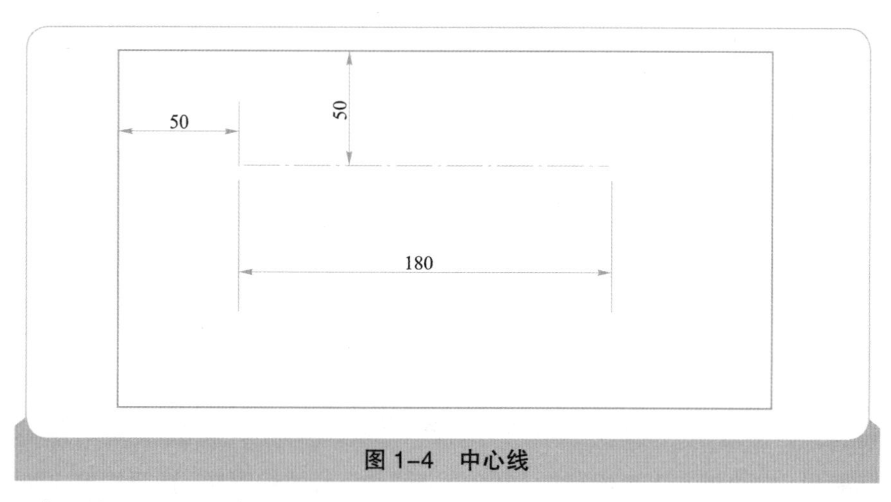

图 1–4　中心线

③在中心线上按 2 ∶1 的比例用粗实线绘制双头螺栓各部分的分段垂直线 *A*、*B*、*C*、*D*、*E*、*F* 共 6 条，而且每条垂直线两外端距离中心线均为 12 mm，用粗实线将 *B*、*E* 垂直线两端连接起来，各条垂直线间的距离如图 1–5 所示。

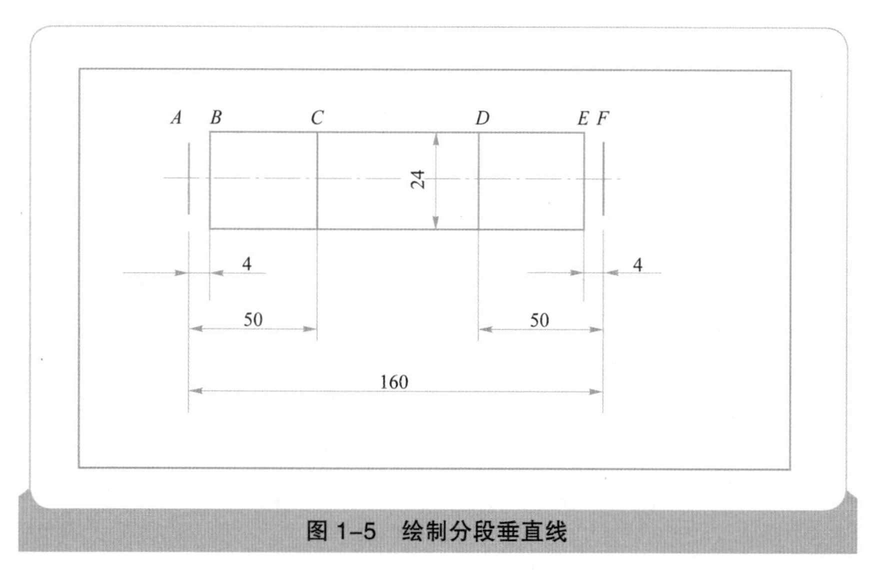

图 1–5　绘制分段垂直线

④按照 2∶1 的比例用细实线绘制螺纹底线，用粗实线绘制螺纹外端倒角，如图 1–6 所示。

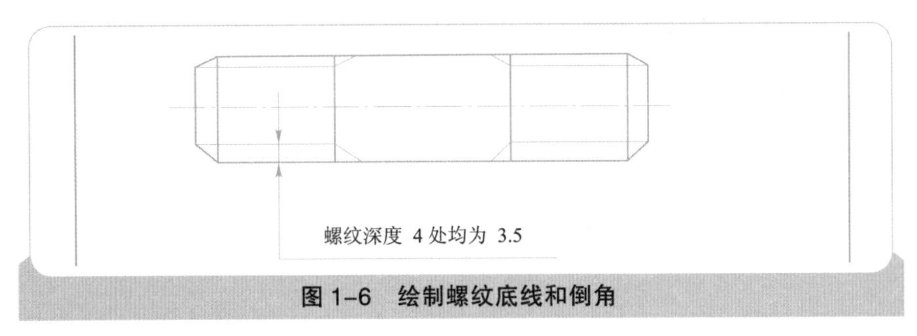

图 1–6　绘制螺纹底线和倒角

⑤用细实线绘制尺寸标注线，并标注实体的尺寸数值，如图 1–7 所示。

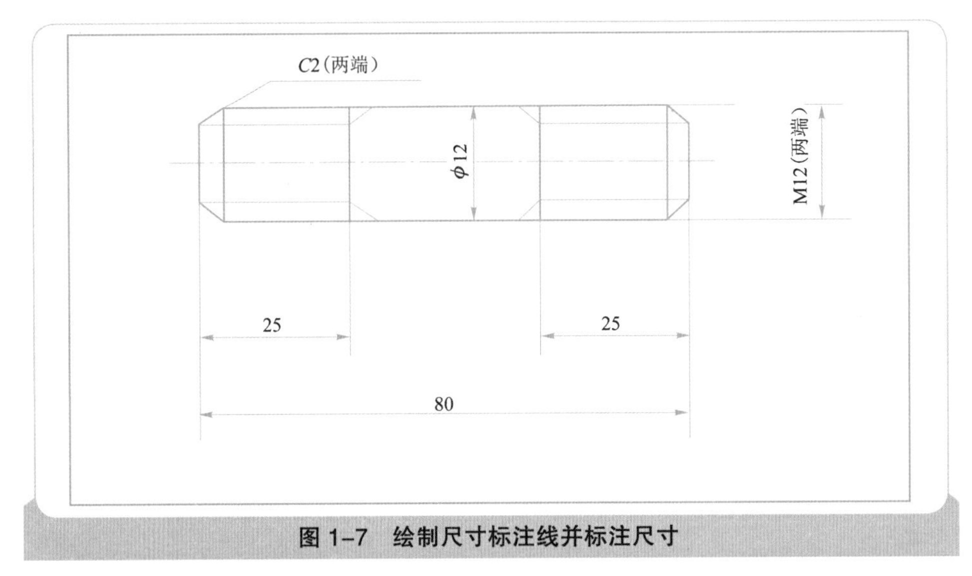

图 1–7　绘制尺寸标注线并标注尺寸

⑥绘制标题栏。在边框右下角绘制长 130 mm、宽 40 mm 的标题栏，标题栏尺寸如图 1–8 所示。

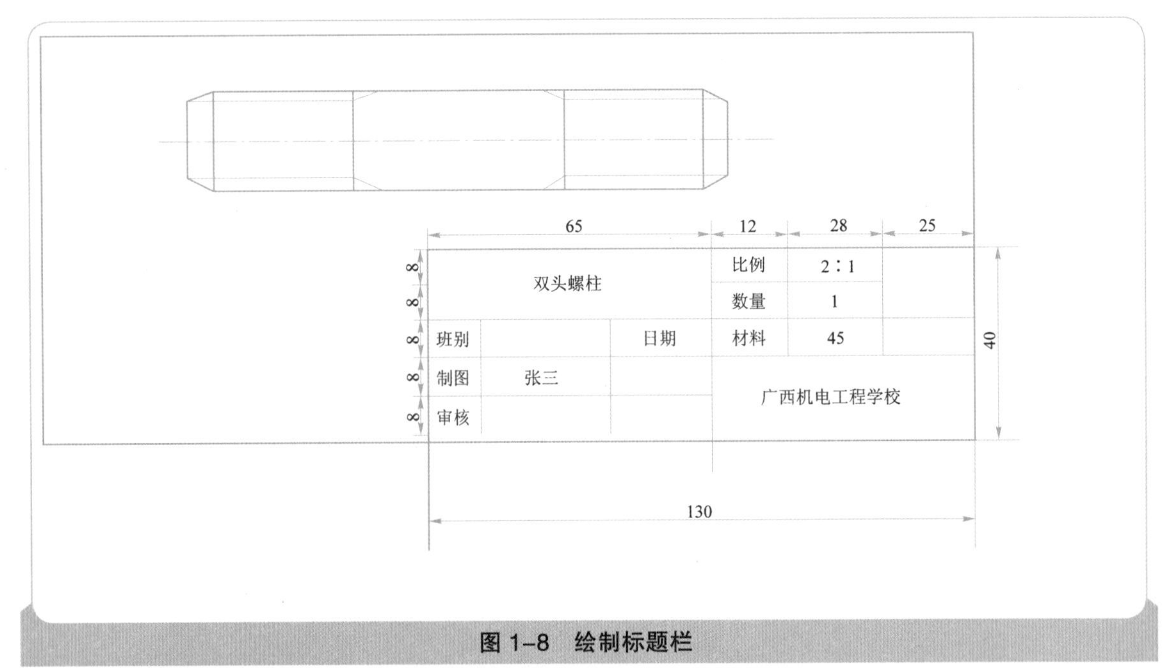

图 1–8　绘制标题栏

⑦在图纸左下角写上技术要求，完成零件测绘图的制图工作，如图 1-9 所示。

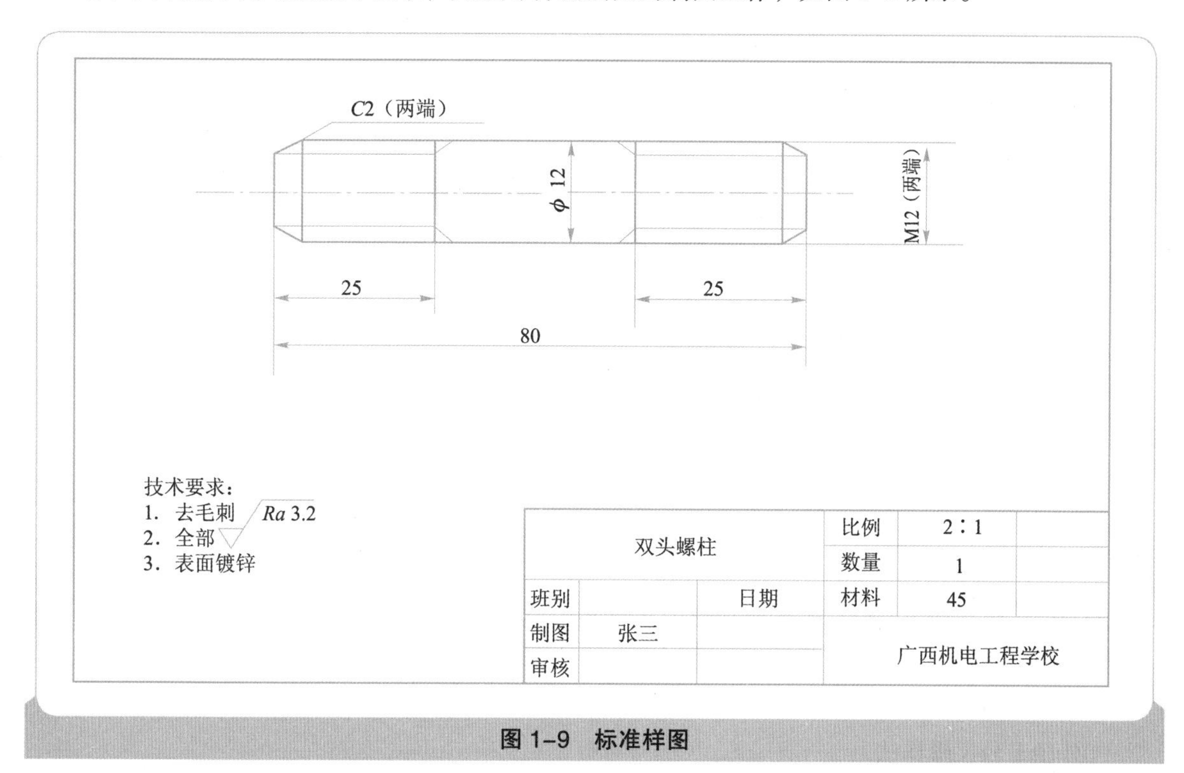

图 1-9　标准样图

三、项目评价

项目评价表如表 1-1 所示，限时 30 min。

表 1-1　项目评价表

序号	作业项目	配分总值	评　分　标　准	扣分	得分	备注
1	考前准备	2 分	备齐所用的绘图工具及量具（0.5 分）			
2	测量实物	3 分	要求与考评员所测数据相差不超过 0.5 mm，每差一个扣 1 分			
3	绘制零件图	15 分	1）要求图纸包括标题栏、一组视图、全部尺寸和技术要求四项内容，每少一项或四项之一不完整均扣 0.5 分； 2）视图能表达出零件的形状和结构（0.5 分）； 3）每少标、错标一个尺寸扣 0.5 分； 4）每少标、错标一个技术要求扣 0.5 分； 5）图面不整洁扣 0.5 分； 6）线条不均匀扣 0.5 分； 7）字迹不合要求扣 0.5 分			
4	安全文明操作	5 分	考后整理好所用零件、工量具及绘图工具			
5	超时扣分		1）每超时 5 min 扣 0.5 分； 2）超时 10 min 为不及格			
合计						

项目二

曲轴测量

一、实训目的与重难点

1）实训目的：

①熟练使用外径千分尺，掌握曲轴的正确测量方法，准确计算相关测量数据；

②在规定时间内完成曲轴测量，要求方法正确、数据准确、结论明确。

2）实训重难点：

①外径千分尺操作法；

②外径千分尺测量值的读取；

③曲轴测量值的判断。

二、实训内容

1. 实训工具

外径千分尺。

2. 检测目的

曲轴检测的目的是通过直观检查与量具测量，确定曲轴的质量，保证曲轴使用的可靠性。

其检测指标主要包括：

1）曲轴内外部是否有断裂、腐蚀、剥落、刮伤等损伤现象。

2）曲轴直线是否超过使用规定（中心线偏离极限 0.15 mm)。

3）轴颈的圆度、圆柱度偏差值是否符合使用要求（两偏差值的使用极限值为 0.025 mm）。

4）曲轴磨损程度是否已达到报废程度（修理级别已达 5 级）。

3. 基础知识

（1）外径千分尺的构造

外径千分尺的构造如图 2-1 所示。

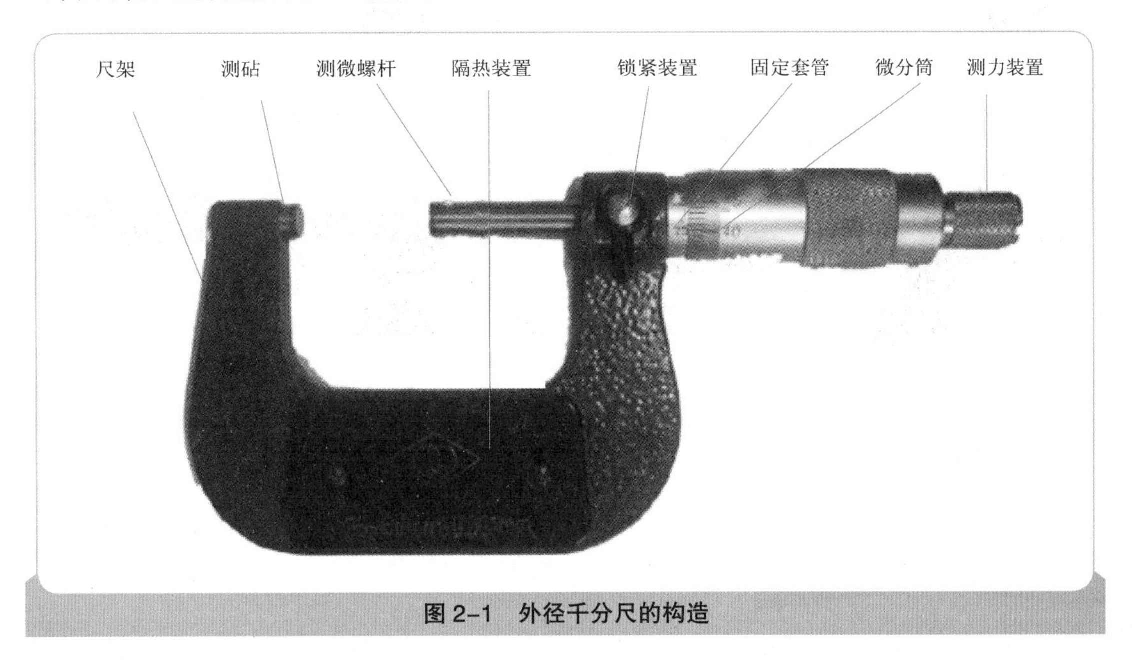

图 2-1　外径千分尺的构造

（2）外径千分尺的读数方法

外径千分尺的读数由整数部分和小数部分两部分组成。其中整数部分为固定套管水平线以上数值，小数部分为微分筒上数值。固定套管上的水平线上、下各有一列间距为 1 mm 的刻度线，上侧刻度线在下侧两相邻刻度线中间，相当于下侧刻度线是上侧刻度线的平分线，其数值读取为 0.5 mm。

①整数（80 mm）——如图 2-2（a）所示。微分筒端面与固定套管上的数字 80 重合，微分筒的 0 刻度与水平线重合，则数据读取：80.00 mm +0.00 mm = 80.00 mm。

②整数 +0.5（80.50 mm）——如图 2-2（b）所示。微分筒端面与固定套管下刻度线 0.5 mm 重合，微分筒的 0 mm 刻度与水平线重合，则数据读取：80.00 mm +0.5 mm = 80.50 mm。

③整数 + 小于 0.5 的小数（80.25 mm）——如图 2-2（c）所示。微分筒端面已越过 80 mm 刻度线但未达到固定套管下刻度线 0.5 mm 的位置，微分筒的 0.25 mm 刻度与水平线重合，则数据读取：80.00 mm +0.25 mm = 80.25 mm。

④整数 + 大于 0.5 的小数（80.75 mm）——如图 2-2（d）所示。微分筒端面已越过 80.50 mm 刻度线但未达到固定套管上刻度线 81 mm 的位置，微分筒的 0.25 mm 刻度与水平线重合，则数据读取：80.50 mm+0.25 mm = 80.75 mm。

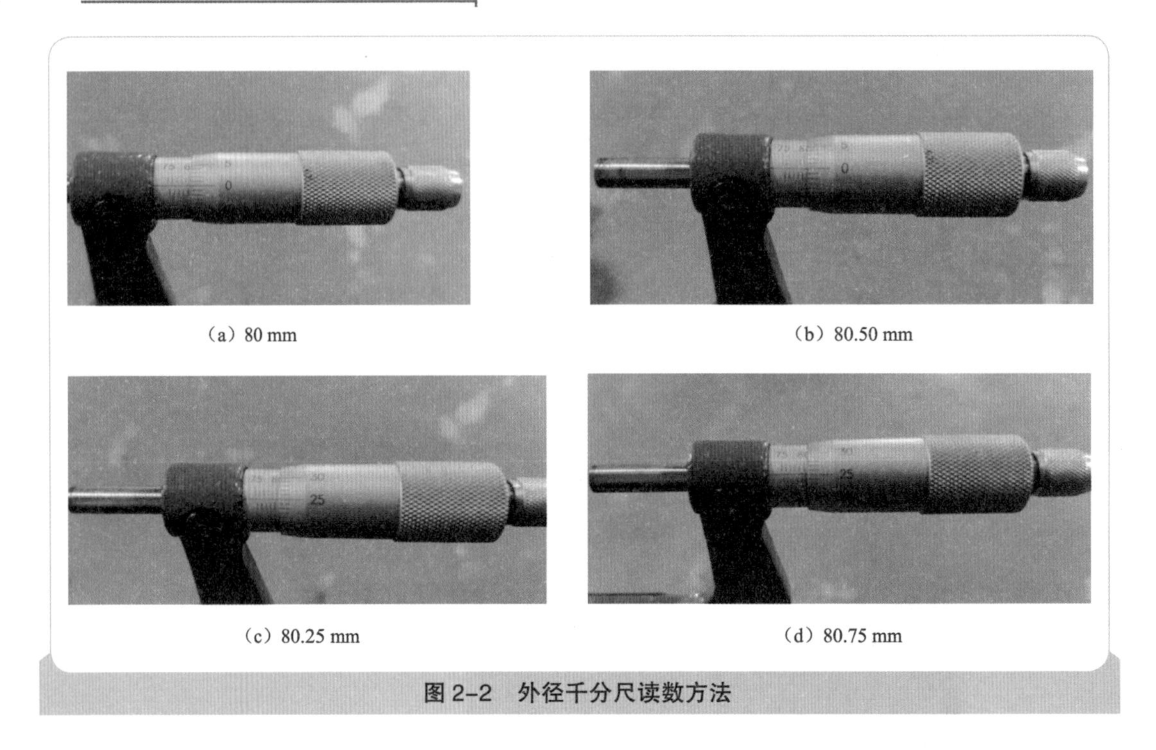

（a）80 mm　（b）80.50 mm

（c）80.25 mm　（d）80.75 mm

图 2-2　外径千分尺读数方法

4. 测量方法

1）测量曲轴轴颈时，测量位置应选在轴颈两端的断面，每个断面都要测量两条相互垂直的直径 *A*—*A* 和 *B*—*B*，如图 2-3 所示。

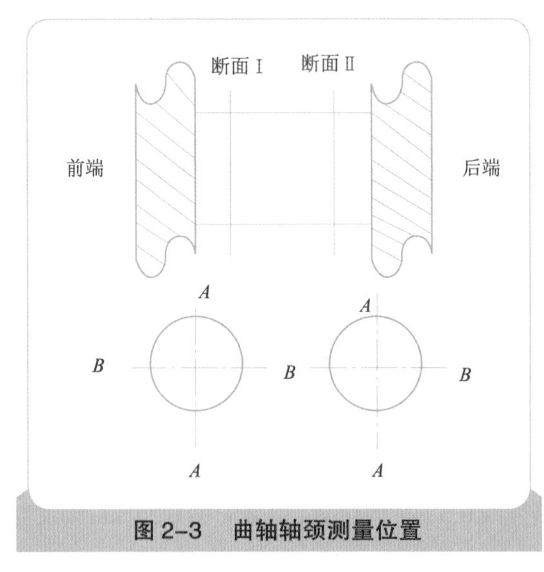

图 2-3　曲轴轴颈测量位置

2）测量轴颈时，为了减少误差，操作时应使外径千分尺处于垂直状态，不要歪斜，测量点应在轴颈的最高处（即直径的两端）。

三、项目评价

项目评价表如表 2-1 所示，限时 20 min。

表 2-1 项目评价表

试题名称	作业项目	配分总值	评分标准	扣分	得分	备注
曲轴磨损量及圆度、圆柱度偏差的检测	1）清洁量具； 2）校验量具	2 分	1）不清洁量具扣 1 分； 2）不进行校验扣 1 分			
	清洁轴颈、检查曲轴损伤情况：曲轴有无裂纹，正时齿轮和键槽有无损坏，螺纹有无滑牙等	3 分	1）不擦净轴颈扣 1 分； 2）未检查曲轴的损伤情况扣 1 分			
	1）测量曲轴的圆度：圆度偏差为垂直轴线方向同一截面最大直径与最小直径之差； 2）测量曲轴的圆柱度： 圆柱度为与轴线同方向最大直径与最小直径之差； 3）使用极限为圆度和圆柱度均不超过 ±0.25 mm（口答）	15 分	1）量具使用不正确扣 2 分； 2）测量点不正确扣 1 分； 3）不会读数据扣 1 分； 4）不会计算圆度和圆柱度扣 2 分； 5）测量数据不准确，误差超过 0.02 mm（与考评员所测数据）每项扣 2 分； 6）不知道圆度、圆柱度的使用极限扣 2 分			
	根据曲轴的实际尺寸判断曲轴原修理尺寸	2 分	不会判断或判断错误扣 2 分			
	安全文明操作	3 分	1）不清洁量具扣 1 分； 2）量具乱放扣 1 分			
	超时扣分		1）每超时 5 min 扣 1 分（不足 5 min 按 5 min 计）； 2）超时 10 min 为不及格			
合计						

项目三
柴油机基础

一、实训目的与重难点

1）实训目的：

①掌握柴油机的基本构造和工作原理；

②初步了解柴油机气门间隙、配气相位的作用。

2）实训重难点：

①柴油机的两大机构；

②柴油机的油、水、气和电路走向及组成零件；

③口述柴油机的工作原理。

二、实训内容

内燃机是一种复杂的能量转换机器。随着技术水平的不断提高，各种类型内燃机的构造及其布置各有差异。

以柴油为燃料，当空气在气缸内受压缩而产生高温，使喷入的柴油自燃，燃气膨胀而做功的内燃机称为柴油机。

我国现生产柴油机的功率覆盖面为 2.2~47 280 kW，柴油机的气缸直径为 65~900 mm，转速为 5.6~4 400 r/min。其特点是易于起动，操作维护方便，结构紧凑，体积小，质量轻，便于运输安装，经济性好，使用范围广，是较理想的动力机械，广泛用作发电、船舶、排灌、汽车、拖拉机和工程机械等动力。

1. 柴油机的分类

按照工作循环分类：二冲程柴油机和四冲程柴油机；

按照气缸数量分类：单缸柴油机和多缸柴油机；

按照气缸排列方式分类：立式、卧式、直列式、斜置式、V 形、X 形、W 形、对置气缸式、对置活塞式等；

按照冷却方式分类：水冷柴油机和风冷柴油机。

2. 柴油机的工作原理

柴油机按照一定规律，不断地将柴油和空气送入气缸，柴油在气缸内燃烧，放出热能，高温、高压的燃气推动活塞做功，将热能转化成机械能。

3. 柴油机的组成

柴油机由曲柄连杆机构、配气机构、起动系统、冷却系统、润滑系统及燃油供给与调节系统。下面主要介绍曲柄连杆机构、配气机构、水油供给系统与调节系统组成。

（1）曲柄连杆机构（图 3–1）

曲柄连杆机构分为机体组、活塞连杆组和曲轴飞轮组。

机体组是柴油机的安装基础，它包括气缸盖、气缸垫、气缸体和油底壳。

活塞连杆组由活塞和连杆组成。活塞与气缸套和气缸盖共同组成柴油机的燃烧室，是柴油机产生动力的地方，柴油机依靠活塞的上下移动工作。通过连杆将柴油燃烧产生的动力传递给曲轴飞轮组，向外输出动力。同时密封气缸、防止漏气，阻止过多的机油窜入燃烧室。

曲轴飞轮组由曲轴和飞轮等组成。它的作用是将活塞的往复直线运动变成旋转运动向外输出旋转动力，同时，飞轮起到储能和平衡的作用。

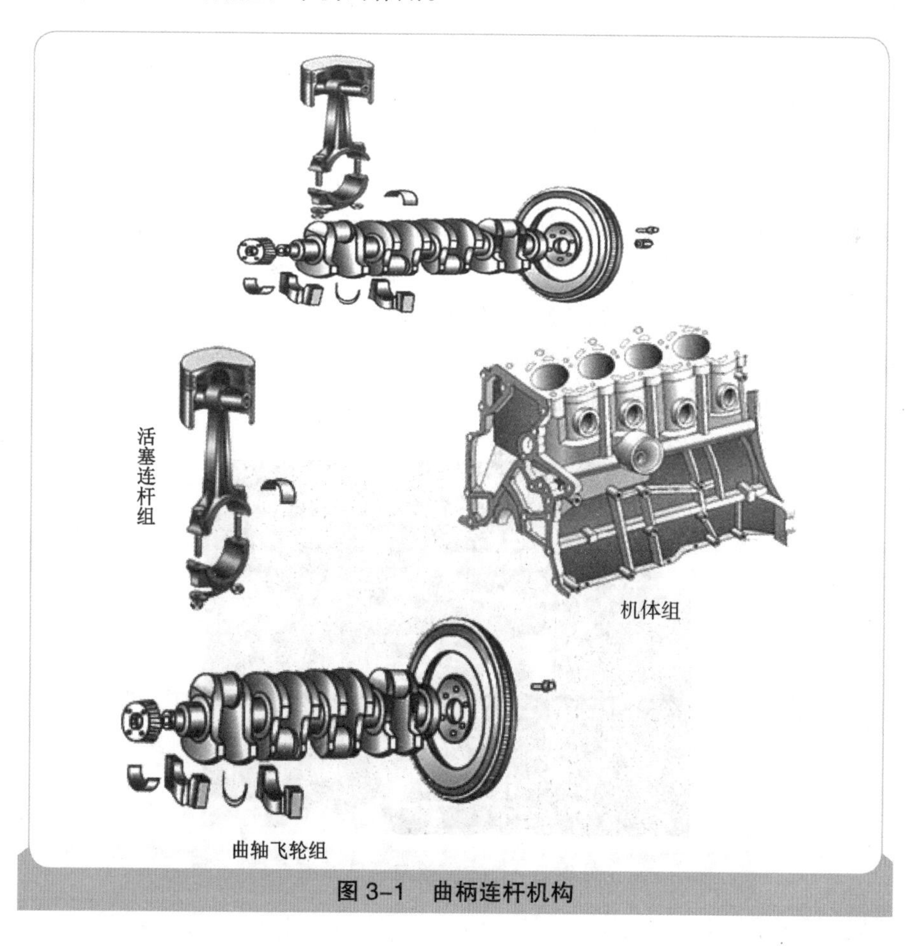

图 3–1　曲柄连杆机构

（2）配气机构

配气机构（图 3–2）是实现柴油机进、排气过程的控制机构，它的作用是按柴油机的工作次序，定时地打开或关闭气缸的进气门和排气门。

配气机构主要由气门组件和气门传动组件组成。其中气门组件由气门、气门座圈、气门导管、气门弹簧、气门弹簧座、气门锁片（锁销）等组成；气门传动组件由凸轮轴驱动件（包括正时齿轮、正时链条、正时皮带）、凸轮轴、气门挺杆、推杆、摇臂及摇臂轴总成等组成。

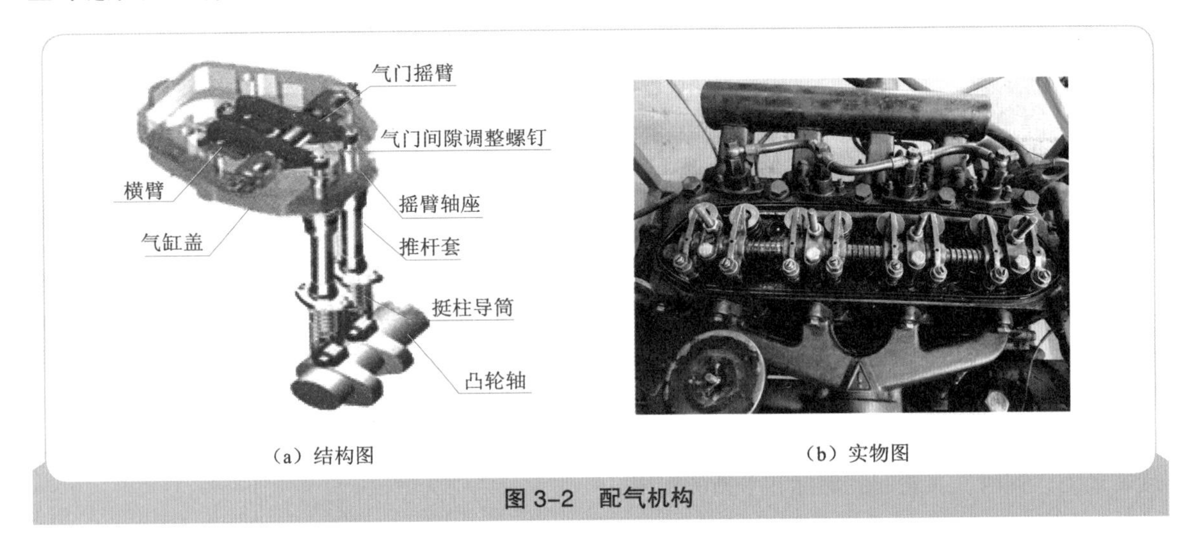

（a）结构图　　（b）实物图

图 3–2　配气机构

（3）燃油供给与调节系统（油路）

燃油供给与调节系统（图 3–3）的作用是根据柴油机工作过程的需要，定时、定量、定压依次地向燃烧室输送雾化良好的柴油。柴油机燃油供给与调节系统一般由低压油路和高压油路两部分组成。

低压油路：油箱—开关—油水分离器—输油管—输油泵—柴油滤清器—高压油泵输入端。它的任务是将柴油从油箱流出经过过滤后输送到高压油泵低压腔。

高压油路：高压油泵输出端—高压油管—喷油器。它的任务是将低压油加压通过喷油器以雾化的形式喷入气缸，并将多余的油从回油管流回高压低压腔。

图 3–3　燃油供给与调节系统

（4）冷却系统（水路）

柴油机的水路有大小循环 2 条。

大循环：水箱—下水管—水泵—气缸体水套—气缸盖水套—节温器—上水管—水箱。

小循环：水箱—下水管—水泵—气缸体水套—气缸盖水套—节温器——水泵。

（5）进气系统（气路）

空气滤清器—进气总管—进气歧管—进气门—气缸—排气门—排气歧管—排气总管—消声器。

（6）起动系统（电路）

柴油机的起动系统主要由电瓶、起动机和起动控制电路组成。起动控制电路可以分为起动继电器电源电路和起动继电器线圈电路。以清拖 750P 拖拉机为例，其起动控制电路采用二级起动继电器控制。

1 级起动继电器触点电路：电瓶正极—起动机电源接线柱—2 号保险—1 号保险—1 级起动继电器触点输入端—1 级起动继电器触点输出端—2 级起动继电器线圈输入端。

2 级起动继电器触点电路：电瓶正极—起动机电源接线柱—2 级起动继电器触点输入端—2 级起动继电器触点输出端—起动机起动接线柱。

1 级起动继电器线圈电路：3 号保险输出端—起动开关—ST 线—1 级起动继电器线圈输入端—1 级起动继电器线圈输入端—搭铁。

2 级起动继电器线圈电路：1 级起动继电器触点输出端—2 级起动继电器线圈输入端—输出端直接搭铁。

三、项目评价

气缸测量项目评价表如表 3–1 所示。

表 3–1　项目评价表

序号	作业项目	配分总值	评分标准	扣分	得分	备注
1	口述柴油机的基本组成	5 分	1）口述不清曲柄连杆机构扣 1 分； 2）口述不清配气机构扣 1 分			
2	口述柴油机的工作原理	5 分	1）不能口述的扣 5 分； 2）口述不全或不正确的视情况扣分，扣完本项分为止			
3	在清拖 750P 拖拉机上指出柴油机的油路、水路、气路和起动电路的零件。	15 分	1）漏指一个零件扣 1 分； 2）指错一个零件扣 1 分			
总计						

项目四 气门间隙调整

一、实训目的与重难点

1）实训目的：

①了解柴油发动机气门间隙的工作过程和作用；

②熟练掌握柴油发动机气门间隙的调整方法。

2）实训重难点：

①进气门和排气门的确定；

② 1 缸压缩上止点的确定；

③气门间隙的调整步骤和方法。

二、实训内容

1. 技术标准及要求

气门间隙为 0.15~0.20 mm。

2. 注意事项

1）拆卸时注意螺栓的拧紧和拧松顺序及各螺栓的拧紧力矩，注意防松装置等。

2）拆装时注意核对和辨认零件在制造时所做的记号。没有记号时，要在零件非工作面上做出必要的记号。

3）零件经清洗、吹干并检验合格后，必须在高度清洁的场所进行装配。

4）气门间隙必须在该气门处于完全关闭的状态下才能进行调整。

5）根据维修手册气门间隙规定值进行调整，若没有手册，可以参照排气门间隙 0.20 mm、进气门间隙 0.15 mm 进行调整。

6）采用液力挺柱式的配气机构不需要进行气门间隙调整。

7）严格按拆装程序进行操作，并注意操作安全。

3. 实训工具

一字螺钉旋具、开口扳手、发动机台架。

4. 操作步骤

下面以四缸直列做功顺序为 1–3–4–2 的发动机（图 4–1）为例介绍气门间隙的调整方法。

图 4–1　四缸直列发动机

（1）逐缸法

1）打开气门室盖。

2）摇转曲轴，直至凸轮轴的正时记号与缸盖上的固定记号对齐、飞轮（或曲轴带轮）的正时记号与缸体上的固定正时记号对正。这时，1 缸处于压缩上止点位置，如图 4–2 所示。

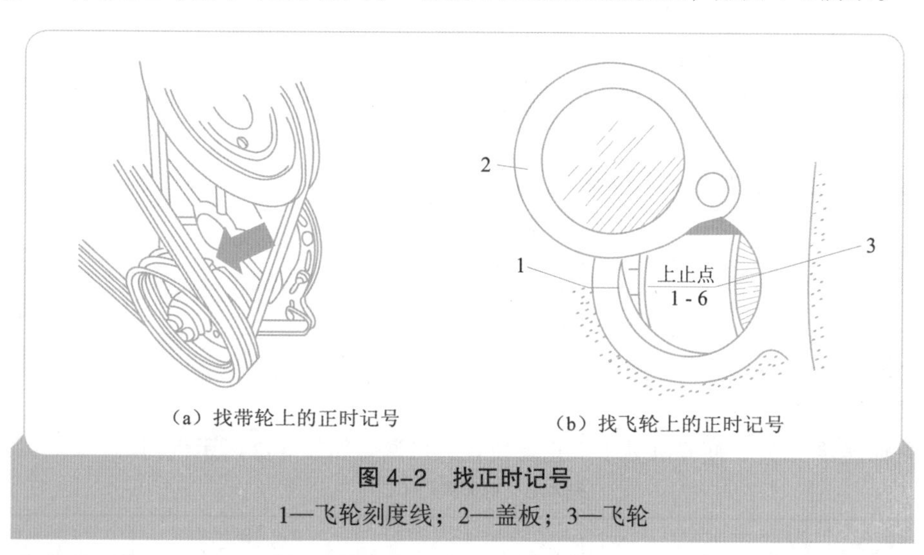

图 4–2　找正时记号

1—飞轮刻度线；2—盖板；3—飞轮

3）检查气门间隙。将规定厚度的塞尺插入气门杆与摇臂之间，如图 4–3 所示。来回抽动塞尺，如果过紧或过松，则表明气门间隙不合适，需要进行调整。

4）调整气门间隙，如图 4-4 所示。松开锁紧螺母，旋出调整螺钉，在气门杆与摇臂之间插入厚度与气门间隙相等的塞尺，一边拧进调整螺钉，一边不停地来回抽动塞尺，直到抽动塞尺有阻力又能抽出时为止，锁紧螺母，在锁紧螺母时不能让调整螺钉转动，最后复查一遍。

图 4-3　检查气门间隙

图 4-4　调整气门间隙

5）按做功顺序，分别摇转曲轴 180°，依次使下一缸处于压缩上止点位置。用同样的方法，检查与调整各缸的气门间隙。如做功顺序为 1-3-4-2，则摇转曲轴 180°，检查调整 3 缸的气门间隙。用同样的方法检查调整 4 缸和 2 缸的气门间隙。

（2）两次调整法（“双排不进”法）

1）打开气门室盖。

2）摇转曲轴至 1 缸处于压缩上止点位置。

3）检查与调整 1 缸两个气门的间隙、3 缸的排气门间隙、2 缸的进气门间隙，方法与逐缸法相同。

4）调整时，先松开锁紧螺母 1，用螺钉旋具旋动调整螺钉 2，将规定厚度的塞尺插入气门杆端部与摇臂之间。当抽动塞尺有阻力感时，拧紧锁紧螺钉。

重点理解：双排不进和不进双排，第一次调整按“双排不进”调，第二次调整按“不进双排”进行。

1）可参照上述方法找出 1 缸压缩行程上止点位置。

2）根据发动机的工作顺序，可调整如表 4-1 所示气门。

表 4-1　可调气门（一）

工作顺序缸号	1	3	4	2
可调气门	双	排	不	进

3）对可调气门进行调整。

4）将曲轴摇转 360°，使 4 缸处于上止点位置，可调整如表 4-2 所示气门。

表 4-2　可调气门（二）

工作顺序缸号	1	3	4	2
可调气门	不	进	双	排

5）用塞尺复检一次。

5. 整理现场

1）恢复和装复发动机各部分零件。

2）将量具、工具清洁后放回工具车内。

3）清洁工作台，清扫地面。

4）将垃圾放入清洁箱中。

三、项目评价

项目评价表如表 4–3 所示。

表 4–3 项目评价表

序号	作业项目	配分总值	评分标准	扣分	得分	备注
1	1）清洁量具； 2）校验量具	2 分	1）不清洁量具扣 1 分； 2）不进行校验扣 1 分			
2	正确选用工具、量具、材料	3 分	缺一件扣 1 分，选错一件扣 1 分，扣完为止			
3	检查气门间隙是否符合规定值	5 分	1）操作方法不正确扣 1 分； 2）操作顺序不正确扣 1 分； 3）检查方法不正确扣 1 分； 4）检查结果不正确扣 2 分			
4	调整气门间隙	5 分	1）调整不正确扣 2 分； 2）不会调整扣 3 分			
5	工具、用具使用正确	5 分	1）一种工具、用具使用不正确扣 2 分，扣完为止； 2）损坏丢失一件工具、用具不得分			
6	操作规程执行情况	5 分	违反操作规程不得分			
合计						

拓展知识

1. 气门间隙

发动机处于冷态时，在气门脚及其传动机构中留有适当的间隙，以补偿气门受热后的膨胀量，这一预留间隙称为气门间隙。一般排气门的气门间隙要略大于进气门的气门间隙。

2. 气门间隙对发动机的影响

气门间隙对发动机各方面的性能影响极大：气门间隙过小，发动机在热态下由于气门杆膨胀可能会造成气门漏气，导致功率下降，甚至烧坏气门；气门间隙过大，传动零件之间及气门与气门座之间容易发生冲撞，同时使气门开启的持续时间减少，进气和排气不充分，也会直接影响发动机的正常工作。因此，为了保证发动机的正常工作，必须调整好气门间隙。

3. 配气机构的组成

配气机构主要由气门组件和气门传动组件组成。其中，气门组件由气门、气门座圈、气门导管、气门弹簧、气门弹簧座、气门锁片（锁销）等组成；气门传动组件由凸轮轴驱动件（包括正时齿轮、正时链条、正时带）、凸轮轴、气门挺杆、推杆、摇臂及摇臂轴总成等组成。

项目五

配气相位检查

一、实训目的与重难点

1）实训目的：

①了解配气相位的相关知识；

②掌握配气相位的检查方法及步骤；

③在规定时间内能规范、正确地完成配气相位的检查。

2）实训重难点：

①什么是配气相位；

②怎么正确检查配气相位。

二、实训内容

1. 实训工具

开口扳手、磁力表及表座、发动机台架。

2. 知识技能

配气相位(图 5-1)是用曲轴转角表示的进、排气门的开闭时刻和开启持续时间，通常用相对于上、下止点曲拐位置的曲轴转角。

发动机在换气过程中，若能够做到排气彻底、进气充分，则可以提高充气系数，增大发动机的输出功率。对于四冲程的每个工作行程，其曲轴要转 180°。现代发动机转速很高，一个行程经历的时间很短。例如，上海桑塔纳轿车的四冲程发动机在最大功率下的转速达 5 600 r/min，一个行程的时间只有 0.005 4 s。这样短时间的进气和排气过程往往会使发动机充气不足或者排气不净，从而使发动机功率下降。因此，现在发动机都延长进、排气时间，即气门的开启和关闭时刻并不正好是活塞处于上止点和下止点的时刻，而是分别提前或延迟一定的曲轴转角，以改善进、排气状况，从而提高发动机动力性。

（1）进气相位

在排气终了，活塞到达上止点前，进气门就预先开启，从进气门开启到上止点间所对应的曲轴转角 α 称为进气提前角，α 一般为 10° ~ 30°。进气门提前开启，保证进气行程开始时，气门已经有较大的开度，有利于提高充气量。

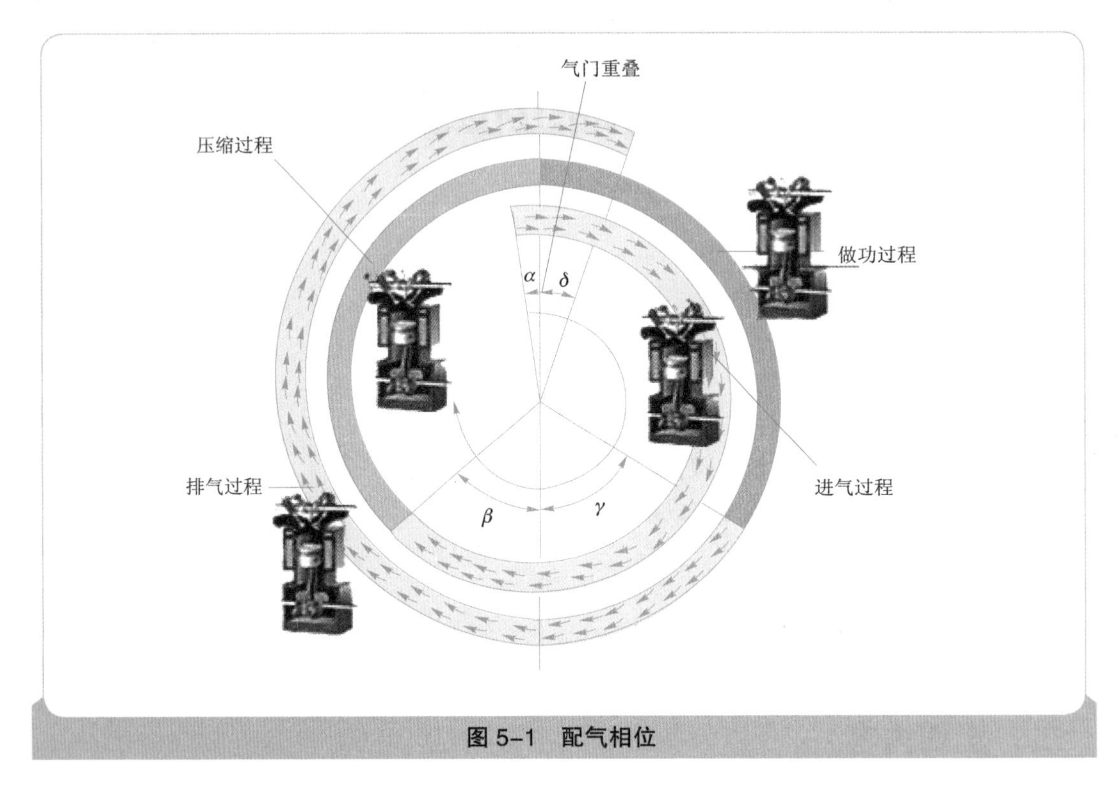

图 5–1　配气相位

活塞越过进气下止点（压缩行程开始）一段后，从下止点延迟至进气门关闭所对应的曲轴转角 β 称为进气滞后角。β 一般为 30° ~ 60°。延迟进气门关闭时刻，能够充分地利用进气行程结束前气缸内存在的压力差和较大的气流惯性继续进气。下止点过后，随着活塞的上行，气缸内压力逐渐增大，进气气流速度逐渐减小，当气缸内外的压力差消失，流速接近为 0 时，应关闭进气门。口角过大会引起进气倒流现象。进气门开启时间用曲轴转角可表示为 $180° +\alpha+\beta$。

（2）排气相位

在做功行程后期，活塞到达下止点前，排气门提前打开，从排气门打开到下止点所对应的曲轴转角 γ 称为排气提前角，γ 一般为 30° ~ 60°。排气门适当提前打开，虽然消耗了一定的做功行程的功率，但可以利用较高缸内压力将大部分燃烧废气迅速排出，待活塞上行时缸内压力已大大下降，可以使排气行程所消耗功率减少，另外高温废气提前排出也可防止发动机过热。活塞越过排气上止点（排气行程开始）一段后，从上止点延迟至排气门关闭所对应的曲轴转角称为排气滞后角，一般为 10° ~ 30°。

3. 操作技能

（1）检查配气相位

配气相位对柴油机的工作性能有很大的影响。在柴油机使用中，零件的磨损会引起配气相位的变化，使气门开启的“时间－断面”发生变化，不利于“排尽吸足”的要求，影响柴油机的换气过程和燃烧过程，使柴油机使用性能下降。

（2）配气相位检查的内容

1）检查进气提前角 α；

2）检查进气滞后角 β；

3）检查排气提前角 γ；

4）检查排气滞后角 δ。

（3）单缸柴油机配气相位的检查步骤

1）拆下气缸盖罩，如图 5-2 所示。

2）调整气门间隙，如图 5-3 所示。

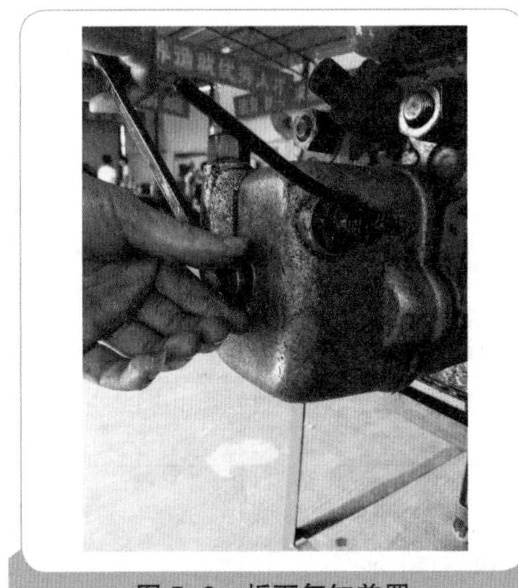

图 5-2　拆下气缸盖罩

图 5-3　调整气门间隙

3）拆下喷油器，使柴油机内没有压缩气体，如图 5-4 所示。

4）按曲轴的转动方向，用左手慢慢转动飞轮，同时用右手捻动气门推杆，如图 5-5 所示。

5）在气门推杆从能转动到不能转动的瞬间停止转动飞轮，此时就是气门的开启时刻。在飞轮外圈上，用卷尺量出机体上的标记所对准的点与上止点刻线之间的弧长。若原飞轮上标有气门打开刻线，应查看该刻线是否对准柴油机固定件上的刻线，如图 5-6 所示。

图 5-4　拆下喷油器

图 5-5　转动手轮同时捻动气门推杆

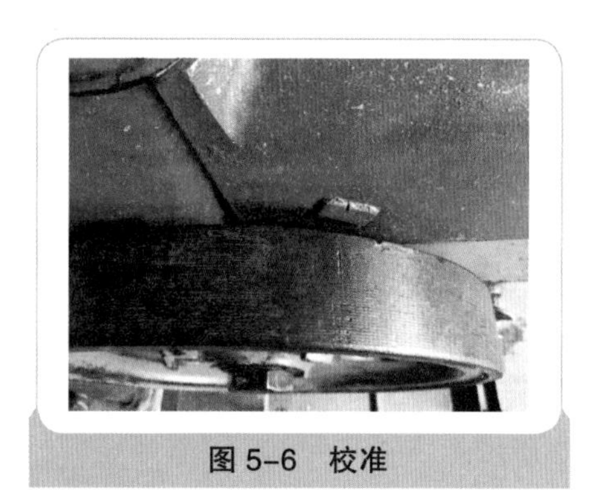

图 5-6　校准

三　项目评价

项目评价表如表 5-1 所示。

表 5-1　项目评价表

序号	作业项目	配分总值	评分标准	扣分	得分	备注
1	1）清洁量具； 2）校验量具	2 分	1）不清洁量具扣 1 分； 2）不进行校验扣 1 分			
2	正确选用工具、量具、材料	3 分	缺一件扣 1 分，选错一件扣 1 分，扣完为止			
3	检查配气相位是否符合规定值	5 分	1）操作方法不正确扣 1 分； 2）操作顺序不正确扣 1 分； 3）检查方法不正确扣 1 分； 4）检查结果不正确扣 2 分			
4	调整配气相位	10 分	1）检查不正确扣 5 分； 2）不会检查扣 5 分			
5	工具、用具使用正确	2 分	1）一种工具、用具使用不正确扣 2 分，扣完为止； 2）损坏丢失一件工具、用具不得分			
6	操作规程执行情况	3 分	违反操作规程不得分			
合计						

项目六
单缸活塞连杆组拆检

一、实训目的与重难点

1）实训目的：

①掌握活塞连杆组拆装中的专用工具和常用工具的正确使用方法；

②掌握活塞连杆组拆装技术规范及力矩要求。

2）实训重难点：

重点：

①专用工具和常用工具的正确使用；

②活塞连杆组的拆装工艺。

难点：

①活塞连杆组的安装工艺；

②活塞环的安装要求。

二、实训内容

1. 知识技能

（1）活塞环的类型

活塞环有气环（图 6-1）和油环两种，其中气环分为矩形环、梯形环、倒角环和扭曲环（内切槽），油环分为普通油环、撑簧式油环和组合油环。

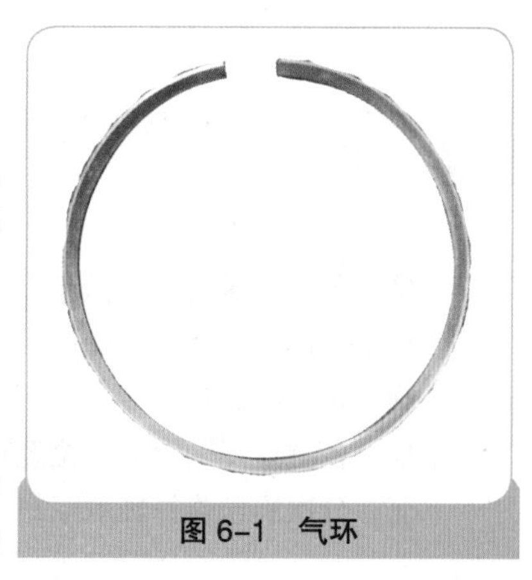

图 6-1　气环

（2）活塞环口的安装方向

调整气环开口位置，要求第一道开口避开活塞侧压力大的一面及活塞销方向、其垂直方向，第二道开口和第一道开口错开 180°。

调整油环开口位置，要求两个刮油片开口错开 180°，而且不能和气环开口位置重叠。

重点关注

1. 活塞上的活塞环是怎么装到气缸里面的？

使用活塞环夹具（图 6–2）将活塞环夹紧，再利用木榔头柄将活塞连杆组轻轻敲入气缸。

2. 活塞连杆轴承盖的螺栓扭矩有什么要求？

1）用棘轮扳手预紧连杆轴承盖的螺栓（图 6–3）。

2）用定扭扳手拧紧连杆轴承盖紧固螺栓至 30 N · m。

3）在连杆轴承盖紧固螺栓上做上记号，再用扭力扳手拧转连杆承盖紧固螺栓 90°。

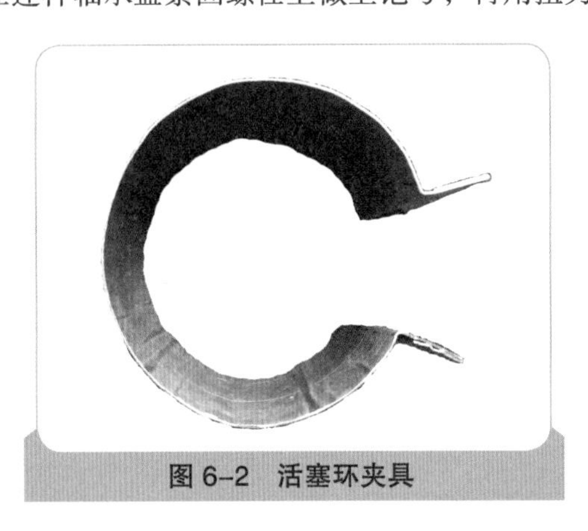

图 6–2 活塞环夹具

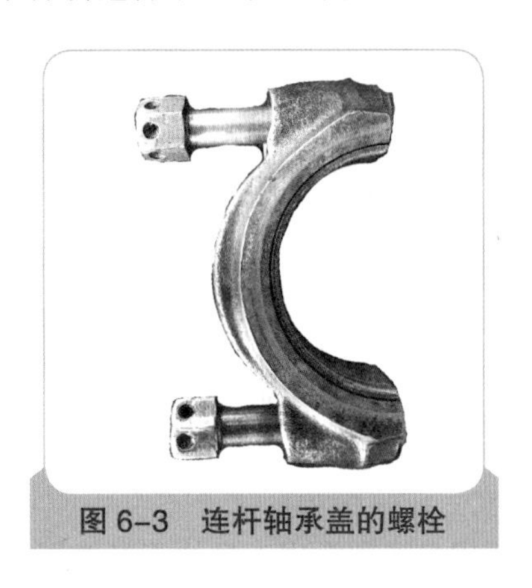

图 6–3 连杆轴承盖的螺栓

2. 实训器材

1）发动机及发动机拆装翻转架。

2）扭力扳手、定扭扳手、中棘轮扳手、中短接杆、大转接头、中转接头、E10 套筒、19 号梅花套筒、活塞环拆装钳、卡箍、橡皮榔头等专用工具和常用工具。

3）工作台、清洁汽油、刷子、毛巾、机油壶、红丹油等。

3. 注意事项

活塞连杆组的拆装必须按照规定的工艺操作，因为不按照要求拆装很有可能会造成活塞装配不进气缸和活塞环不对口（在示范中穿插讲解，不单独阐述）。

4. 操作步骤

1）拆卸。

①确认各气缸活塞方向标记。

②调整发动机翻转架至机体倒置位置。

③旋转发动机曲轴，使（待拆）气缸处于活塞下止点位置。

④检查各缸连杆轴承盖的位置记号。

⑤交替分次旋松连杆轴承盖螺栓。

⑥拆卸连杆轴承盖及螺栓。

⑦取下连杆轴承盖及螺栓。

⑧用榔头柄从连杆大头处往气缸上部方向推出活塞连杆总成。

2）清洁。

用干净柔软的抹布拭擦拆卸下来的螺栓、活塞连杆组件等，清除附着其上的油渍、污渍及磨损脱落物后，放置于清洁的抹布上。

3）检修。

①目视检查，看有无明显的裂纹及破损；

②检查活塞环、轴瓦的情况；

③检查活塞与气缸的配合间隙；

④检测连杆轴瓦的配合间隙。

4）安装（图 6–4）。

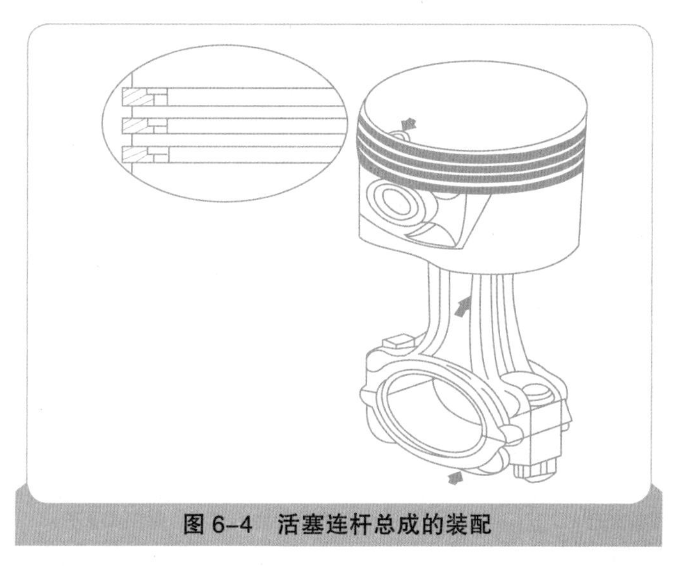

图 6–4　活塞连杆总成的装配

①调整发动机缸体至直列上置位置。

②调整气环开口位置。

要点：要求第一道开口避开活塞侧压力大的一面及活塞销方向、其垂直方向，第二道开口和第一道开口错开 180°。

③调整油环开口位置。

要点：两个刮油片开口错开 180°。

④用工具夹紧所有活塞环。

⑤从气缸上部放入相应气缸内。

要点：活塞顶部的方向记号应朝向发动机前部。

⑥用榔头柄将活塞轻轻敲入气缸。

要点：套上活塞环夹后，活塞环夹和活塞间不得相互旋转，以免破坏活塞环开口位置。

⑦推动连杆大头至其完全进入曲轴连杆轴径内。

⑧调整发动机翻转架至机体倒置位置。

⑨安装连杆轴承盖（带下瓦）。

⑩预紧连杆紧固螺栓。

要点：对角分次进行。

⑪紧连杆轴承盖紧固螺栓至 30 N · m。

⑫在连杆轴承盖紧固螺栓上做记号。

⑬拧转连杆轴承盖紧固螺栓 90°。

⑭旋转曲轴，检查安装情况。

要点：旋转一周以上。

5）清洁并整理工具、清洁工位。

三、项目评价

项目评价表如表 6-1 所示。

表 6-1　项目评价表

序号	作业项目		配分总值	评分标准	扣分	得分	备注
1	拆装前准备	工量具的检查	1 分	未做扣 1 分			
		清洁气缸体	1 分	未做扣 1 分			
2	拆下连杆分总成	检查连杆和盖配合标记	1 分	未检查配合标记扣 1 分			
		正确拆卸连杆盖	1 分	未按手册拆卸连杆盖扣 1 分			
		安装连杆螺栓套	1 分	未做扣 1 分			
		清除气缸上部积炭	1 分	未做扣 1 分			
3	气缸筒测量前准备	测量具的设定	1 分	未做扣 1 分			
		测量具的零校准	1 分	未做扣 1 分			
		清洁气缸筒	1 分	未做扣 1 分			
4	气缸筒测量	测量规范	2 分	测量手法不正确，每项扣 2 分			
		测量部位	2 分	测量部位不正确，每项扣 1 分			
		测量数据准确（误差范围不超过 0.02 mm）	2 分	1）测量数据不正确，每项扣 1 分； 2）未填写《气缸筒测量作业表》扣 1 分			
5	计算	计算气缸圆柱度	2 分	1）计算不正确，每项扣 1 分； 2）未填写《气缸筒测量作业表》扣 1 分			
		计算气缸圆度	2 分	1）计算不正确，每项 1 扣分； 2）未填写《气缸筒测量作业表》扣 1 分			
6	气缸筒测量测量结果判断及处理意见	确定是否需要修理	2 分	判断不正确扣 2 分			
		如需要修理，则确定修理尺寸	2 分	确定修理尺寸级别不正确扣 2 分			
7	拆卸活塞环组	使用活塞环扩张器，拆下两个压缩环	2 分	1）未正确使用活塞环扩张器扣 1 分； 2）折断活塞环扣 1 分			
合计							

项目七

供油提前角检查与调整

一、实训目的与重难点

1）实训目的：

①掌握供油提前角的定义及作用；

②掌握供油提前角的检查与调整方法。

2）实训重难点：

重点：

①供油提前角的定义；

②供油提前角对发动机工作的影响。

难点：

①供油提前角的检查；

②供油提前角的调整要求及步骤。

二、实训内容

1. 知识技能

供油提前角是指喷油器开始喷油至活塞到达上止点之间的曲轴转角，如图 7-1 所示。

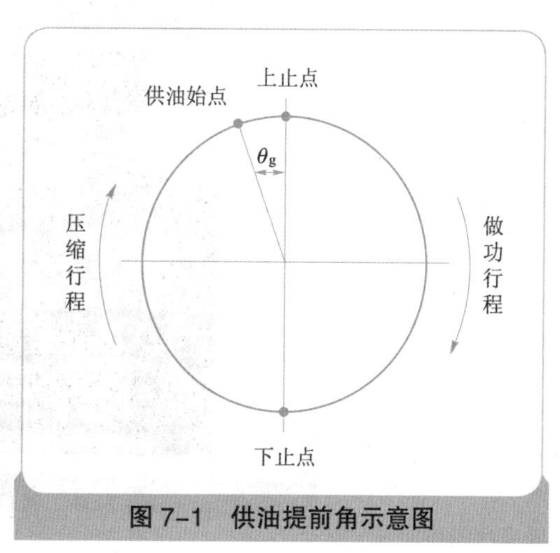

图 7-1 供油提前角示意图

一般柴油机供油提前角为 10° ~ 16°，供油提前角过大或过小都会影响发动机的工作性能。若喷油提前角过大，则喷油时气缸内空气温度较低，混合气形成条件差，备燃期长，导致发动机工作粗暴；若喷油提前角过小，则大部分柴油是在上止点以后、活塞处于下行状态时燃烧的，使最高工作压力降低，热效率也显著下降，导致发动机功率降低，排气冒白烟。因此，为保证发动机具有良好的使用性能，必须选择最佳的喷油提前角。

对于柴油机，不同工况的最佳供油提前角是不同的。汽车柴油机的工作转速和负荷变化范围比较宽，相应的最佳供油提前角变化也较大。

为使喷油器喷入气缸内的柴油能够混合均匀并完全燃烧，必须定期检查、调整喷油泵供油提前角的大小。供油时间过早，会使柴油机起动困难，出现敲缸、振动加大等故障；供油时间过迟，则会导致排气管冒黑烟、机油温度过高和油耗上升等不良后果。

2. 操作技能

（1）检查方法与步骤

1）拆下喷油泵 1 缸高压油管。

2）安装、检查定时管，如图 7–2 所示。

图 7–2　安装、检查定时管

3）摇转曲轴，使 1 缸处于压缩行程，如图 7–3 所示。

图 7–3　摇转曲轴使 1 缸处于压缩行程

4）当快要到达 1 缸供油提前角位置时，缓慢摇转曲轴，凝视 1 缸出油阀的出油口油面，当油面刚刚发生波动，开始上升时，停止摇转曲轴，检查飞轮或减振带轮上的供油提前角刻线是否与其对应的指针对准，如图 7-4 所示。

图 7-4　校准

（2）调整方法与步骤

1）松开高压油泵上各缸的高压油管的连接螺母，如图 7-5 所示。

2）松开高压油泵前端呈三角形分布的 3 颗锁紧螺母，如图 7-6 所示。

3）顺时针或逆时针转动高压油泵来实现供油角度的大小调整。

4）锁紧 3 颗紧固螺母。

5）锁紧各缸高压输油管锁紧螺母。

6）清理作业现场。

图 7-5　松开连接螺母

图 7-6　松开锁紧螺母

三、项目评价

项目评价表如表 7–1 所示。

表 7–1　项目评价表

序号	作业项目		配分总值	评分标准	扣分	得分	备注
1	检查	从喷油泵上拆下 1 缸的高压油管，在出油阀座上安装测试用的玻璃管	12 分	操作方法不正确扣 2 分			
				操作不熟练扣 1 分			
		转动曲轴，使喷油泵供油，直至从玻璃管中能看到油面		操作方法不正确扣 3 分			
		慢慢转动曲轴，仔细观察玻璃管油面，当油面刚刚发生波动开始上升的瞬间，即停止转动		操作方法不正确扣 3 分			
				检查方法不正确扣 2 分			
		检查正时记号是否对正，以判定供油提前角		判断错误扣 1 分			
2	调整	调整供油提前角	7 分	调整方法不正确扣 3 分			
				调整结果不正确扣 2 分			
		调整完毕，再次检查供油提前角		调整结果不正确扣 1 分			
				检查结果不正确扣 1 分			
3	安全文明生产	遵守安全操作规程，正确使用工量具，操作现场整洁	2 分	每项扣 1 分，扣完为止			
		安全用电，防火，无人身、设备事故	2 分	因违反操作发生重大人身和设备事故，按 0 分计			
合计							

知识拓展

供油提前角的大小对柴油机燃烧过程影响很大，过大时由于燃油是在汽缸内空气温度较低的情况下喷入，混合气形成条件差，燃烧前集油过多，会引起柴油机工作粗暴，怠速不稳和起动困难；过小时，将使燃料产生过后燃烧，燃烧的最高温度和压力下降，燃烧不完全和功率下降，甚至排气冒黑烟，柴油机过热，导致动力性和经济型降低。

项目八 高低压油路故障检查与排除

一、实训目的与重难点

1）实训目的：

①了解柴油机的油路基础知识；

②掌握柴油机的油路故障检查与排除方法。

2）实训重难点：

重点：

①柴油机的高压油路；

②柴油机的低压油路。

难点：

①喷油器的检查；

②高低压油路故障检查与排除。

二、实训内容

1. 知识技能

（1）柴油机的油路

柴油机的油路由两部分组成：低压油路和高压油路。

柴油机油路：油箱→滤清器（粗）→输油泵→滤清器（细）→喷油泵（高压）→喷油器→气缸，没有喷完的一部分油会从喷油器经过回油管回到输油泵和油箱。从油箱到滤清器（细）的这部分油路为低压油路，从喷油泵开始往后的油路为高压油路。

低压油路：油箱→滤杯→手油泵→滤清器（粗）→滤清器（细）→高压油泵，如图 8-1 所示。

高压油路：高压泵→高压输油管→喷油器，如图 8-2 所示。

图 8-1 低压油路

图 8-2 高压油路

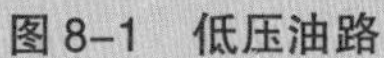

（2）柴油发动机燃料供给系统的工作过程

柴油发动机燃料供给系统的工作过程：燃油经由油箱吸出→滤杯→手油泵→滤清器（粗）→滤清器（细）→高压油泵→高压油管→喷油器→雾化后喷入气缸燃烧，如图 8-3 所示。

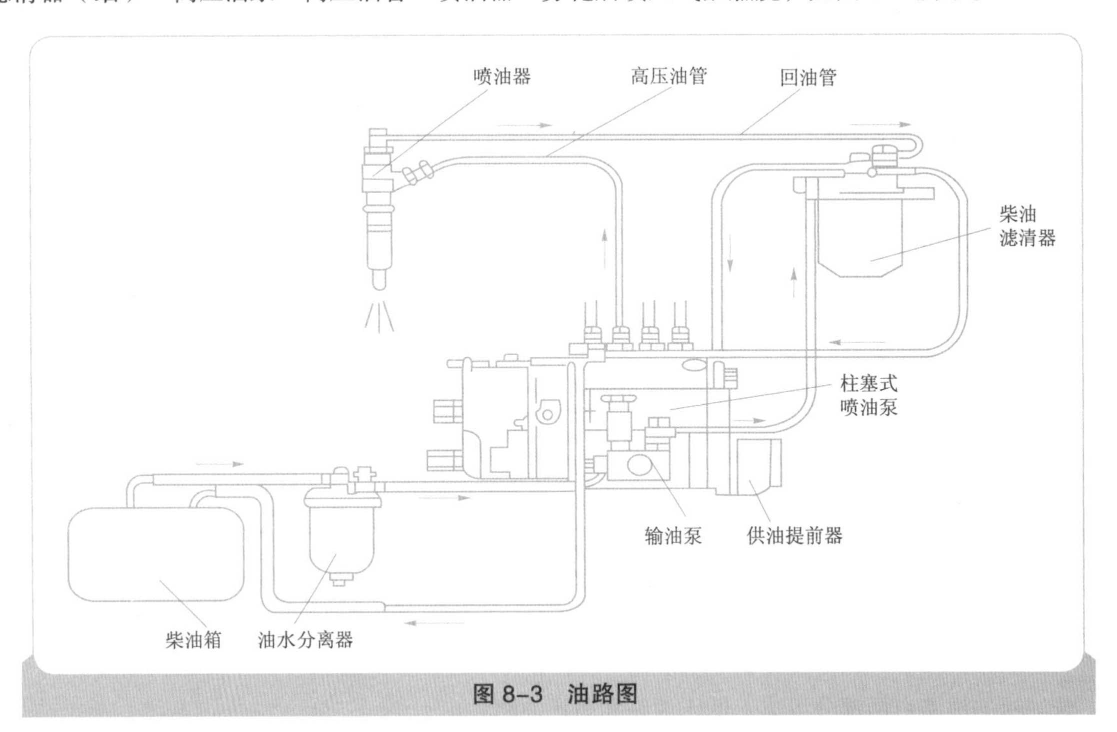

图 8-3 油路图

（3）柴油机常见故障现象及原因

常见故障现象：

1）柴油机难以起动，甚至排气管不排烟。

2）松开柴油滤清器及喷油泵放气螺钉或接头，提压手泵，该处无油流出或冒大量气泡。

故障原因：

1）油箱开关未打开或油箱内无油。

2）油箱盖通气阀失效。

3）油箱内油管堵塞或从上部脱落、折断。

4）油箱至输油泵之间的油管堵塞、破裂。

5）柴油滤清器滤芯或输油泵滤芯堵塞。

6）输油泵不泵油（活塞损坏或咬住，止回阀黏滞，密封不严，弹簧折断等）。

7）油路中有空气。

2. 典型故障检查与排除

（1）不供油

判断依据：将喷油泵放气螺钉松开，用手油泵泵油，此时放气螺钉处无柴油流出。若有油流出，则可将输油泵螺塞松开，检查弹簧是否折断，若未断，则说明低压油路无故障，属喷油泵问题。

检查步骤：

1）检查油箱是否有油，油箱开关是否打开，通气孔是否堵塞，有问题应先予以排除。

2）松开输油泵出油口油管接头，用手油泵泵油。若有油流出，说明故障在输油泵与喷油泵之间；若无油流出，说明从油箱至输油泵段的油管有漏气或堵塞现象。可松开输油泵进油口的油管接头，看粗滤清器是否完全堵塞，铜垫圈是否平整，若无问题则多属此段油管有漏气，应仔细查出漏气点。

3）若经过以上检查仍未发现问题，则只有两种可能：一是柴油滤清器完全堵塞，二是溢流阀失效。判断的方法：对于前者，手泵油很费力；对于后者，手泵油不费力。

检查重点：由于油路堵塞往往要有一个过程，所以不供油故障多由漏气所造成，这应作为检查的重点。

（2）供油不足

判断依据：将喷油泵放气螺钉松开，用手油泵泵油，此时放气螺钉处有油流出，但流量较少。若油量正常，则将输油泵螺塞松开，检查弹簧是否折断，活塞是否滑动不良，无问题则不属低压油路故障。

检查步骤：根据手泵油费力与否判断。若手泵油费力，则柴油滤清器大部分堵塞，可拆下清洗保养或更换滤芯；若手泵油不费力，则可拧紧放气螺钉后再用手油泵泵油，如果手感上无变化，则属溢流阀故障，应给予检查或更换。

检查重点：多为柴油滤清器堵塞或输油泵弹簧折断。

（3）供油不稳

判断依据：将喷油泵放气螺钉松开，用手油泵泵油，此时流出的油含有气泡。燃油含有气泡，将使发动机运转不稳，甚至会导致发动机自动熄火，但这种运转不稳往往没有一定的规律，与喷油泵调速器故障造成的较有规律的运转不稳有着明显的区别。

检查步骤：

1）检查油箱油位（有时油位低到接近吸油口时会产生此故障现象）。

2）检查输油泵进油口油管接头及垫圈是否完好。有些喷油泵在此处采用胶管加铁丝绞紧的办法接头，由于胶管老化或铁丝绞紧处松动而造成漏气的情况较为多见。

3）仔细检查油箱至输油泵段的油管是否有漏气现象，有必要的话可更换一条油管。

4）检查手油泵紧固处是否良好，输油泵壳体是否由于拧紧螺塞时用力过大而出现裂缝。

检查重点：输油泵进油口油管接头及油箱至输油泵段油管是否漏气。

（4）低压油路漏气

判断依据：在输油泵完好的情况下，若无弹簧折断、活塞严重磨损等现象，可分以下两种情况来判断。

1）当发动机运转情况良好且能正常熄火时，若再起动困难则输油泵至喷油泵段低压油路（包括喷油泵低压油腔）多存在漏点。

2）发动机运转不稳且无规律，甚至自行熄火，则油箱至输油泵段负压油路漏气。

检查步骤：

1）对于输油泵至喷油泵段油路，由于在发动机工作时，油压高于大气压力，即使油路有漏点也只能漏油，不能进气，因此并不影响发动机的正常工作。当发动机正常熄火后，油从漏点渗出，使高于大气的油压不能维持，甚至引起空气倒灌，造成再次起动发动机困难。为了确认这一判断，可用一条新油管从输油泵跳过柴油滤清器暂时直接接至喷油泵，然后在排气后起动发动机再进行观察。若故障消失，则可确定这一段油路出了问题；若故障现象仍在，则说明喷油泵柱塞套筒定位螺钉、放气螺钉或回油螺钉的铜垫圈损坏或安装不正，应仔细观察，查出漏点。实践证明，因铜垫圈不合规格（内圆过大）或安装中心不对称而造成漏油、漏气的现象十分常见，应引起重视。若发现厚铜垫圈因装偏已被压伤，则必须更换新垫圈。

2）对于油箱至输油泵段油路，由于在发动机工作时，其压力低于大气压力，因此只要有极微小的漏气点就会将外部空气吸入并引起发动机工作不稳，甚至自行熄火。具体的判断方法如下：当发动机自行熄火后，松开喷油泵放气螺钉，用手油泵泵油，当放气螺钉处开始排出带大量气泡的油流并且在反复手泵后，仍无法使油流完全不含气泡时，就可确定负压油路存在漏气点。此段油管的漏气点多位于输油泵进油口油管接头处，一般为铜垫圈损坏、铜垫圈安装不正、软胶油管在此处因老化或被钢丝网刺破而出现裂口等，特别是采用铁丝箍紧的连接，最易在此处出现漏气现象。

3）从油箱出来的一段硬油管和伸入油箱的那段吸管一般极少出现漏气现象。但若在上述经常漏气的部位查不到漏气点，则对这些部分进行检查。为了准确判断漏气点，可用一条长塑料管取代这段硬油管向输油泵供油，观察漏气现象是否消失，若仍不消失，则最后漏气点必然在伸入油箱的吸油管上。

检查重点：喷油器。可在喷油器试验器上对喷油器进行试验，若就车检查，可将喷油器从气缸盖上拆下接上高压油管，然后起动发动机，观察其喷油情况。若雾化良好、不滴油，则说明无故障；若雾化不良，则应解体喷油器，检查喷油器针阀是否卡滞、弹簧弹力及喷孔是否堵塞等。

三、项目评价

项目评价表如表 8-1 所示。

表 8-1　项目评价表

序号	作业项目	配分总值	评分标准	扣分	得分	备注
1	1）清洁量具； 2）校验量具	2 分	1）不清洁量具扣 1 分； 2）不进行校验扣 1 分			
2	正确选用工具、量具、材料	3 分	缺一件扣 1 分，选错一件扣 1 分，扣完为止			
3	检查低压油路	5 分	1）操作方法不正确扣 1 分； 2）操作顺序不正确扣 1 分； 3）检查方法不正确扣 1 分； 4）检查结果不正确扣 2 分			
4	检查高压油路	10 分	1）检查不正确扣 5 分； 2）不会检查扣 5 分			
5	工具、用具使用正确	2 分	1）一种工具、用具使用不正确扣 2 分，扣完为止； 2）损坏、丢失一件工具、用具不得分			
6	操作规程执行情况	3 分	违反操作规程不得分			
合计						

项目九
起动电路故障检查排除

一、实训目的与重难点

1）实训目的：

①了解起动系统的基本构成及工作过程；

②掌握起动电路故障的检查和排除方法。

2）实训重难点：

重点：

①万用表的正确使用；

②起动系统的基本组成。

难点：

①起动电路故障的检查及排除；

②起动机的检修方法及步骤。

二、实训内容

1. 知识技能

（1）起动系统的定义及作用

要使发动机由静止状态过渡到工作状态，必须先用外力转动发动机的曲轴，使活塞做往复运动，气缸内的可燃混合气燃烧膨胀做功，推动活塞向下运动使曲轴旋转，发动机才能自行运转，工作循环才能自动进行。曲轴在外力作用下开始转动到发动机开始自动地怠速运转的全过程，称为发动机的起动。完成起动过程所需的装置称为发动机的起动系统。

起动系统可将存储在蓄电池内的电能转换为机械能，要实现这种转换，必须使用起动机。

起动机的作用是由直流电动机产生动力，经传动机构带动发动机曲轴转动，从而实现发动机的起动。

（2）起动系统的组成及工作原理

起动系统包括以下部件：蓄电池、点火开关（起动开关）、起动机总成、起动继电器等。起动系统如图 9–1 所示。

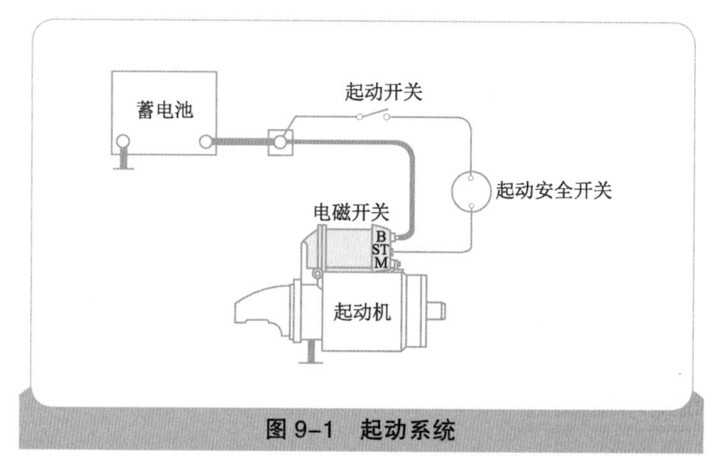

图 9–1　起动系统

起动系统的工作原理：由蓄电池提供电能，在点火开关和起动继电器的控制下，起动机将电能转化为机械能，带动发动机飞轮齿圈和曲轴转动，从而使发动机进入自行运转状态，如图 9–2 所示。

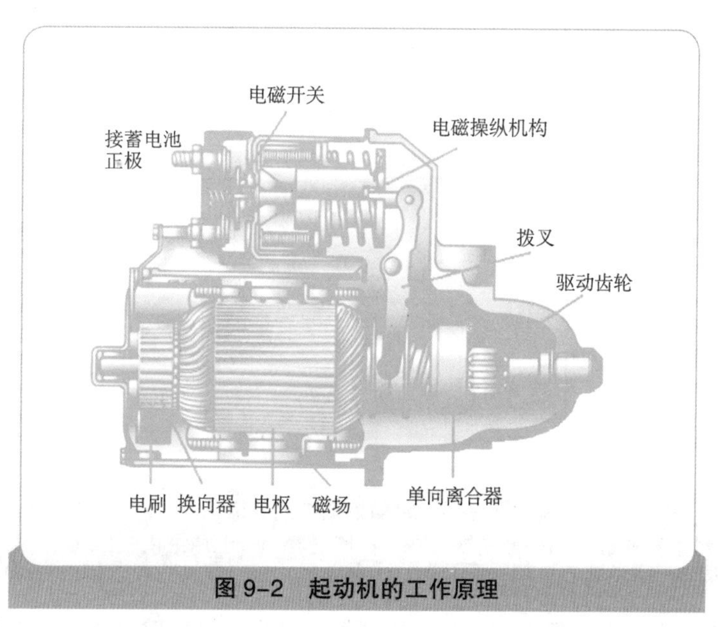

图 9–2　起动机的工作原理

起动机是汽车发动机起动系统的主要组成部分，虽然工作时间短暂，但工作时电流大（100~200 A）且负荷重，要克服发动机的压缩力、零件转动的摩擦力、零件运动的惯性力等。为了保证发动机的正常起动，应定期对起动机进行检修。起动机的结构如图 9–3 所示。

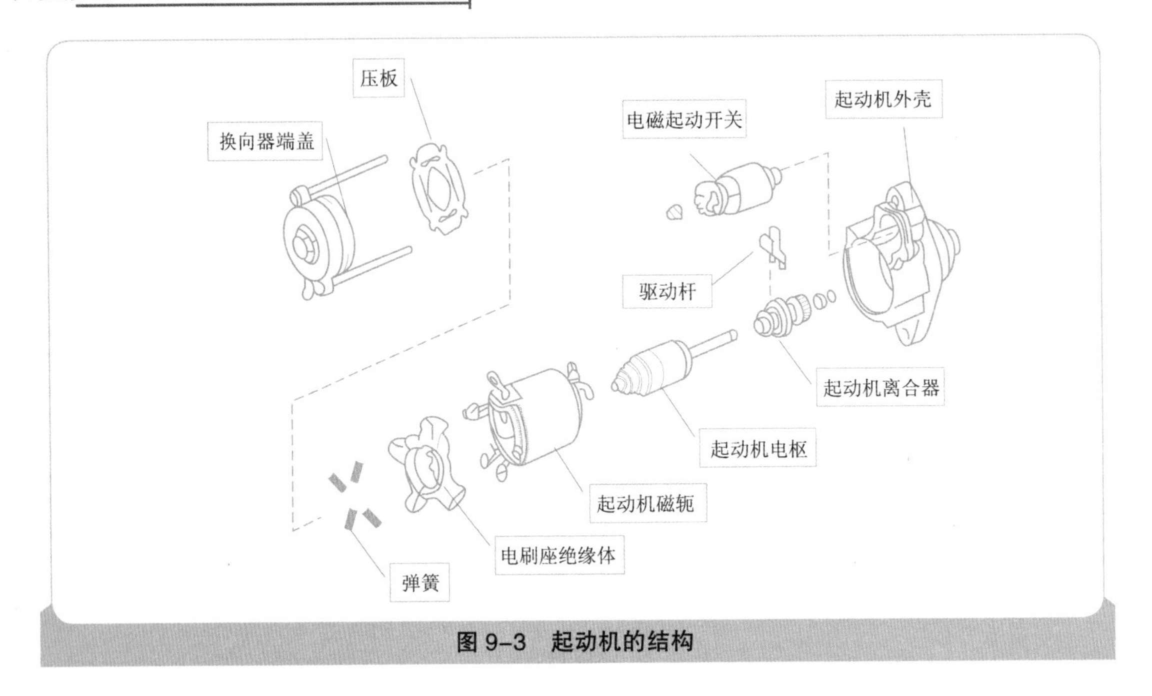

图 9–3　起动机的结构

（3）起动系统基本电路

起动机基本控制电路如图 9–4 所示。

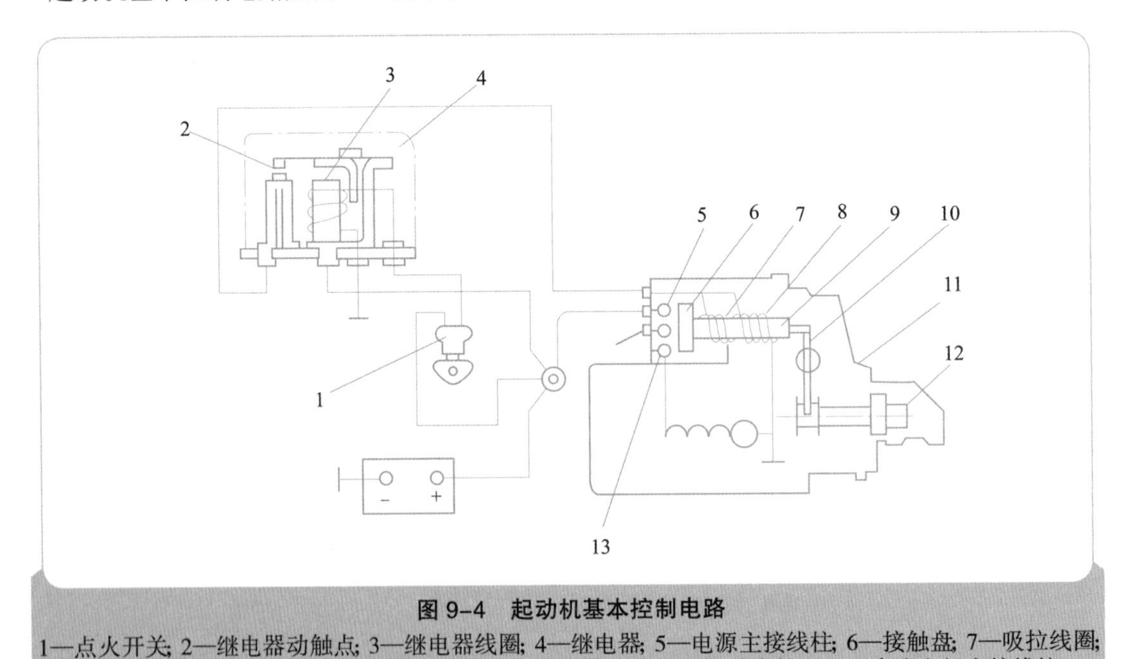

图 9–4　起动机基本控制电路

1—点火开关；2—继电器动触点；3—继电器线圈；4—继电器；5—电源主接线柱；6—接触盘；7—吸拉线圈；8—保持线圈；9—活动铁芯；10—拨叉；11—起动机；12—驱动齿轮；13—直流电机主接线柱

1）起动时，将点火开关 1 置于起动挡，电磁开关通电，其电路如下：蓄电池正极→电源主接线柱 5 →继电器 4 →起动接线柱→（分两路）一路为保持线圈 8 →搭铁；另一路为吸拉线圈 7 →直流电机主接线柱 13 →串励式直流电动机→搭铁。

此时，吸拉线圈 7 与保持线圈 8 的电流绕向相同，磁场方向相同，活动铁芯 9 在两个线圈磁场力的共同作用下克服回位弹簧的作用向左移动，通过拨叉 10 使驱动齿轮 12 与飞轮啮合。当驱动齿轮 12 与飞轮啮合后，接触盘 6 将电源主接线柱 5、直流电机主接线柱 13 内侧触头接通，于是起动机的主电路接通（电流为 200~600 A），电路如下：蓄电池正极→电源主接线柱 5→接触盘 6→直流电机主接线柱 13→励磁绕组→电刷→电枢绕组→电刷→搭铁。

这时，直流电动机产生电磁转矩，通过单向离合器带动曲轴旋转，起动发动机。

2）发动机起动后，单向离合器打滑。

3）松开点火开关 4，将点火开关 4 从起动挡转到点火挡，这时从点火开关 4 到起动接线柱 5 之间已没有电流，吸拉线圈 7 与保持线圈 8 的电路变如下：蓄电池正极→电源主接线柱 3→接触盘 6→直流电机主接线柱 13→吸拉线圈 7→保持线圈 8→搭铁。

此时，由于吸拉线圈 7 与保持线圈 8 的电流绕向相反，磁场方向相反，磁吸力相互抵消，因此，活动铁心 9 在回位弹簧的作用下迅速右移，使主电路断开，驱动齿轮 13 与飞轮脱离啮合，起动机停止工作。

在接触盘 6 接通主电路之前，由于电流经吸拉线圈 7 到励磁绕组与电枢绕组，所以电枢产生了一个较小的电磁转矩，使驱动齿轮 13 在缓慢旋转状态下与飞轮平稳啮合。主电路接通后，吸拉线圈 7 被短路，活动铁心 9 的位置由保持线圈产生的磁吸力来保持。

（4）起动系统的工作过程

起动系统的工作过程如下。

1）将点火开关转到 ON 位置，仪表通电数秒后，汽车进入准备起动状态。

2）将点火开关转到 START 位置，接通蓄电池和起动系统的电路。

3）起动机继电器通电。这里继电器有两个作用：一是接通起动机与蓄电池的电路；二是控制拨叉拨动，使起动机的驱动齿轮与发动机飞轮啮合。

4）起动机通电后，主轴在电磁作用下转动。

5）起动机主轴上的驱动齿轮转动，带动发动机飞轮和曲轴旋转。为了增大转矩，起动机齿轮与发动机飞轮的传动比一般为 13：17（对于柴油机，传动比一般为 8：10），这使得发动机起动更容易。

6）在正常情况下，短暂起动后，发动机就能进入自动运转状态。

7）当进入自动运转状态后，发动机就会起动，同时在单向离合器的作用下，起动机的驱动齿轮会自动脱离与发动机的啮合。

8）到此为止，一次正常的起动过程就完成了。现在一般的起动系统还带有安全保护电路，这是为了保证在发动机转动的时候，起动机不会因为误操作而起动。通常通过监测发动机的运转情况来控制是否能开起起动机。

2. 起动机检修方法

（1）检查励磁线圈

用万用表执行下列检查（图 9–5）。

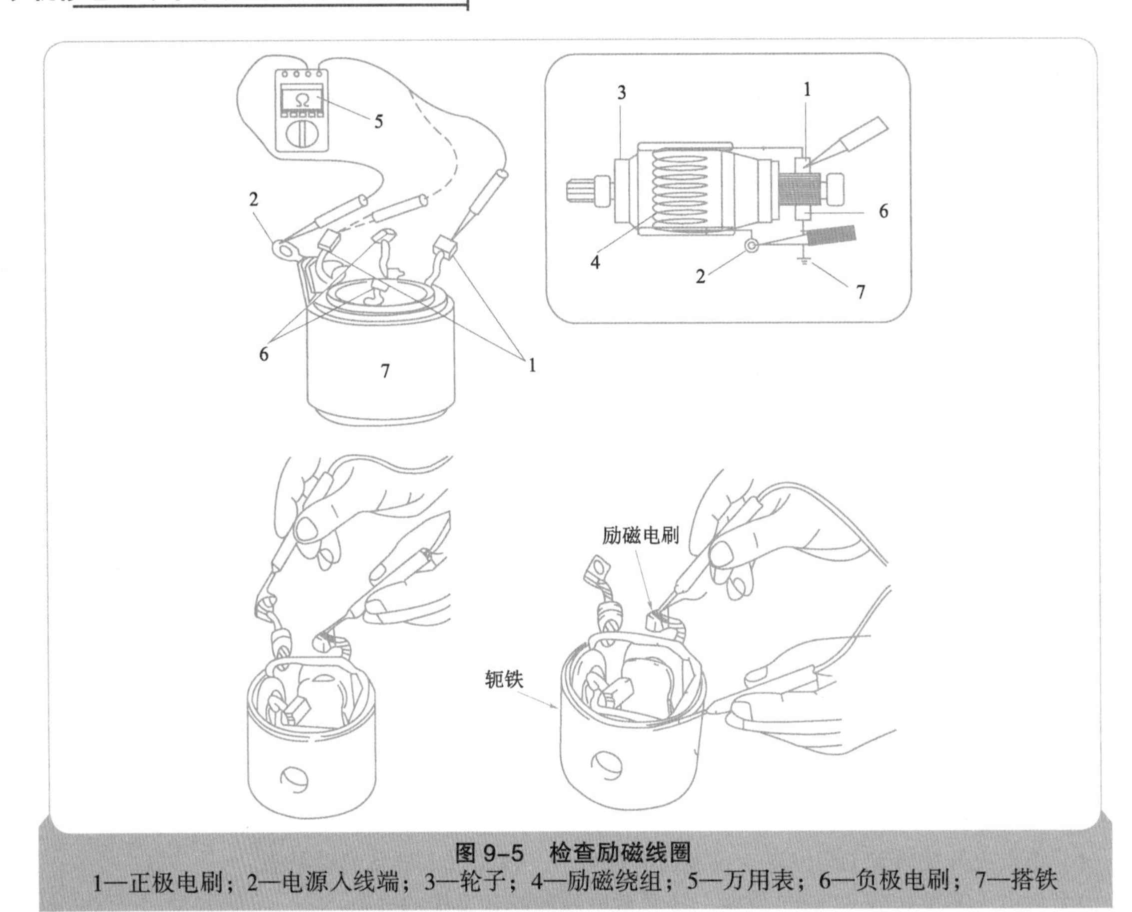

图 9–5　检查励磁线圈

1—正极电刷；2—电源入线端；3—轮子；4—励磁绕组；5—万用表；6—负极电刷；7—搭铁

1）检查电刷引线（A 组）和引线之间的导通情况。

提示：电刷引线由两组组成；一组与引线相连（A 组），另一组与起动机磁轭相连（B 组）。

2）检查电刷引线和所有电刷引线之间的导通情况。A 组的两根电刷引线导通，B 组的两根电刷引线不导通。

3）检查电刷引线和引线之间的导通情况（有助于确定励磁线圈是否发生开路）。

4）检查电刷引线和起动机磁轭之间的绝缘情况（有助于确定励磁线圈是否发生短路）。

5）检查电刷引线（A 组）和起动机磁轭之间的绝缘情况。

6）检查电刷引线和所有电刷引线之间的导通情况。A 组的两根电刷引线导通，B 组的两根电刷引线不导通。

7）检查电刷引线和引线之间的导通情况（有助于确定励磁线圈是否发生开路）。

8）检查电刷引线和起动机磁轭之间的绝缘情况（有助于确定励磁线圈是否发生短路）。

（2）检查电刷

电刷被弹簧压在换向器上。如果电刷磨损程度超过规定限度，则弹簧的夹持力将降低，与换向器的接触力度将变弱，这会使电流的流动不畅，起动机可能因此而无法转动。

清洁电刷并用游标卡尺测量电刷长度，如图 9–6 所示。

提示：

1）测量电刷中部的电刷长度，因为此部分磨损最严重。

2）用游标卡尺的顶端测量电刷长度，因为磨损部位呈圆形。

3）如果上述测量值低于规定值，则更换电刷。

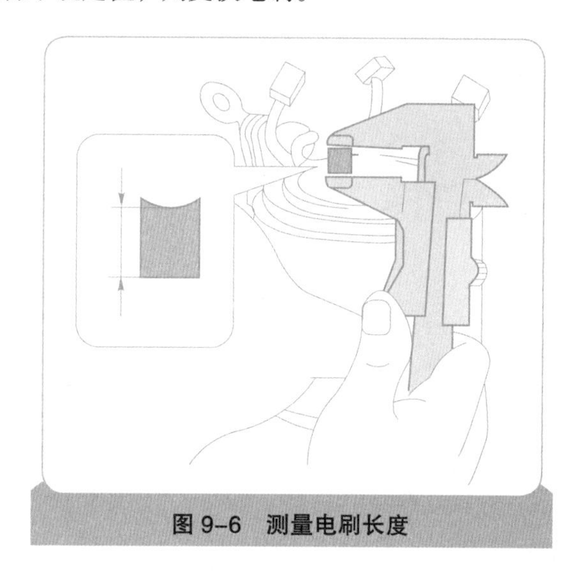

图 9-6　测量电刷长度

（3）检查起动机离合器分总成

如图 9-7 所示，用手转动起动机离合器，检查单向离合器是否处于闭锁状态。

提示：

1）单向离合器仅向一个旋转方向传送转矩。在另一个方向，离合器只是空转，不会传送转矩。

2）发动机由起动机起动之后，将会带动起动机。因此，单向离合器可以，防止发动机带动起动机。

图 9-7　转动起动机离合器

（4）检查电磁起动机开关总成

检查电磁起动机开关的操作，如图 9-8 所示，用手指按住柱塞，松开手指之后，检查柱塞是否很顺畅地返回其原来位置。

提示：

1）由于开关在柱塞中，如果柱塞无法顺畅地返回其原始位置，开关的接触力度将变弱，因此无法打开 / 关闭起动机。

2）如果柱塞的运行不正常，则更换电磁起动机开关总成。

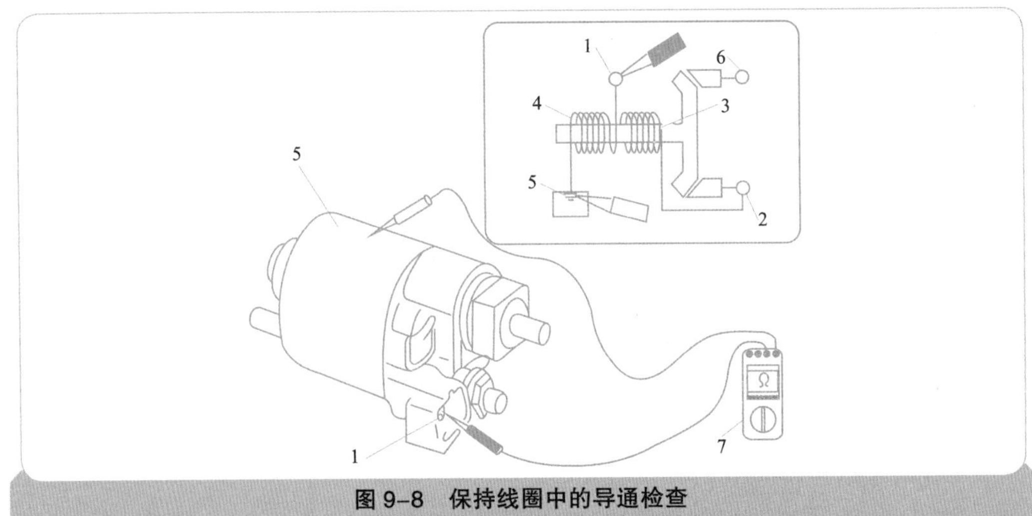

图 9-8　保持线圈中的导通检查

1—端子 50；2—端子 C；3—牵引线圈；4—保持线圈；5—开关体；6—端子 30；7—万用表

吸引线圈的检查：测量 1 与 2 之间的电阻，阻值应该小于 1 Ω（或用蜂鸣挡测量，应该有蜂鸣声）。保持线圈的检查：测量 1 与 5 之间的电阻，阻值在 1~2 Ω 之间（或用蜂鸣挡测量，应该有蜂鸣声）。如吸引或保持线圈出现断路则电磁开关损坏。

三、项目评价

项目评价表如表 9-1 所示。

表 9-1　项目评价表

序号	作业项目	配分总值	评分标准	扣分	得分	备注
1	准备工作	2 分	1）不清洁量具扣 1 分； 2）不进行校验扣 1 分			
2	起动，了解故障征象	2 分	1）起动前的检查 1 分； 2）根据征象分析起动不着的常见原因和检查排除的思路（口述）1 分			
3	使用万用表对电路进行检查	5 分	1）操作方法不正确扣 1 分； 2）操作顺序不正确扣 1 分； 3）检查方法不正确扣 1 分； 4）检查结果不正确扣 2 分			
4	判断并排除电源电路故障	5 分	1）检查不正确扣 2 分； 2）不会检查扣 3 分			
5	判断并排除起动电路故障	10 分	1）工具、仪表选用错误每次扣 1 分； 2）故障判断不准确每项扣 3 分； 3）故障判断准确未排除每项扣 5 分			
6	安全文明	3 分	1）非规范操作扣 1 分； 2）操作现场不整洁扣 1 分； 3）现场未整理扣 1 分			
总　计						

项目十

拖拉机底盘故障检查排除

一、实训目的与重难点

1）实训目的：

①掌握拖拉机底盘制动系统的检查与调整；

②掌握拖拉机底盘传动系统的检查与调整。

2）实训重难点：

重点：

①制动系统中制动器踏板行程的理解；

②传动系统中离合器踏板行程的理解。

难点：

①制动系统中制动器踏板行程的调整；

②传动系统中离合器踏板行程的调整。

二、实训内容

（一）制动系统

1. 知识技能

制动系统是使车辆的行驶速度可以强制降低的一系列专门装置，主要包括供能装置、控制装置、传动装置和制动器 4 部分。

（1）制动系统的作用

1）保证车辆在行驶过程中按驾驶员要求减速或停车。

2）保证车辆可靠停放。

3）保障车辆和驾驶员的安全。

（2）制动系统的分类

制动系统按功能分为行车制动系统和驻车制动系统。

1）行车制动系统：一般由驾驶员用脚来操纵，故又称脚制动系统。它的功能是使正在行驶中的车辆减速或在最短的距离内停车。

2）驻车制动系统：一般由驾驶员用手来操纵，故又称手制动系统。它的功能是使已经停在路面上的车辆驻留原地不动。

（3）制动系统的组成

1）供能装置：包括供给、调节制动所需能量及改善传动介质状态的各种部件。

2）控制装置：产生制动动作和控制制动效果的各种部件，如制动踏板。

3）传动装置：包括将制动能量传输到制动器的各个部件，如制动主缸、轮缸。

4）制动器：产生阻碍车辆运动或运动趋势的部件。

2. 操作技能——制动踏板的检查

行车制动装置如图 10–1 所示。

· 为了获得合适的制动力，需要正确的制动踏板行程。

· 调整制动器，使未踩下制动踏板时不会“拖延”或“卡滞”。

具体检查内容如下。

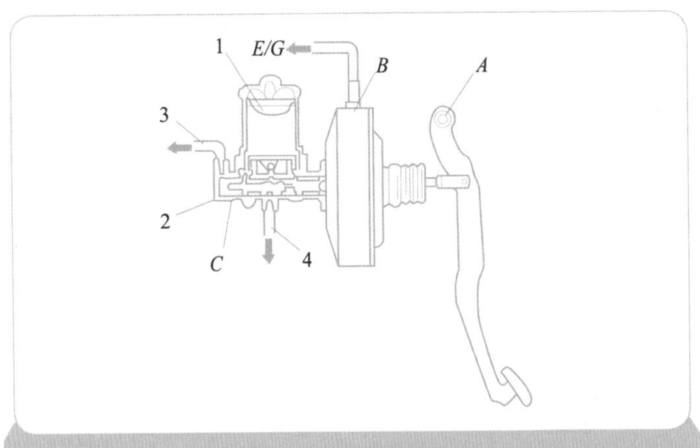

图 10–1　行车制动装置

1—储液罐；2—主缸；3—到前轮制动器；4—到后轮制动器

A—支撑炼拴；*B*—真空助力器；*C*—制动总泵

（1）检查踏板状况

如图 10–2 所示，确保制动踏板没有下述任何故障：①反应灵敏度差；②踏板不完全落下；③异常噪声；④过度松动。

（2）检查踏板高度

如图 10–3 所示，使用一把直尺测量制动踏板高度。如果踏板高度超出规定范围，则调整踏板高度（例如，威驰轿车的踏板高度为 124.3~134.3 mm，夏利轿车的踏板高度为 176~181 mm）。

提示：测量从地面到制动踏板上表面的距离。如果必须要从地毯表面开始测量，则从标准值中扣除地毯的厚度，或者地毯和沥青纸毡的厚度。

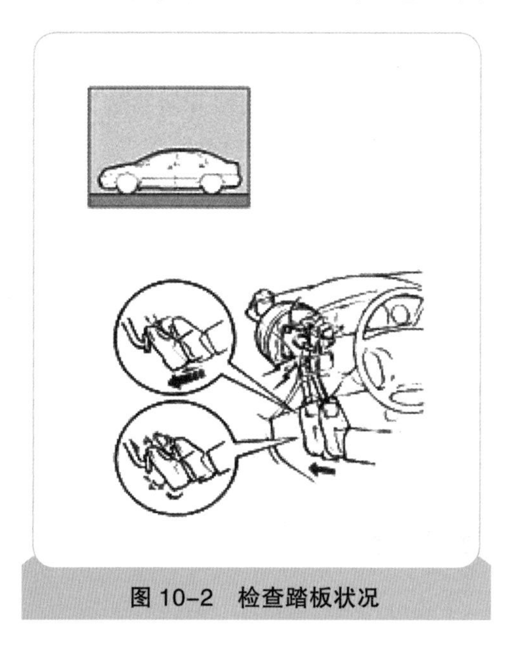

图 10–2　检查踏板状况

图 10–3　检查踏板高度

（3）检查踏板自由行程

如图 10–4 所示，发动机停止后，踩下制动踏板若干次（对于配备了液压制动助力器的车辆，至少要踩下制动踏板 40 次），以便解除制动助力器。然后，用手指轻轻按压制动踏板并使用一把直尺测量制动踏板自由行程。

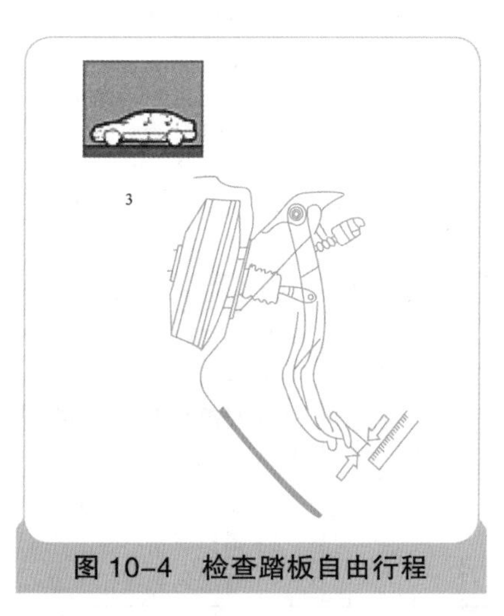

图 10–4　检查踏板自由行程

提示：当用手指轻轻按压制动踏板时，制动踏板的运动在两个阶段发生变化。

第一阶段：U 形夹销和转轴销发生松动。

第二阶段：推杆刚好在液压升高之前运动。

第一阶段与第二阶段的总运动即为制动踏板的自由行程。调整制动踏板的高度时，制动踏板的自由行程会自动调整。

（4）检查踏板行程余量

如图 10–5 所示，发动机运转和驻车制动器松开时，使用 490 N 力踩下制动踏板，然后使用一把标尺测量踏板行程余量，以便检查其是否处于规定的范围内。

提示：测量从地面到制动踏板上表面的距离。如果必须要从地毯表面开始测量，则要从标准值中扣除地毯的厚度，或者地毯和沥青纸毡的厚度。

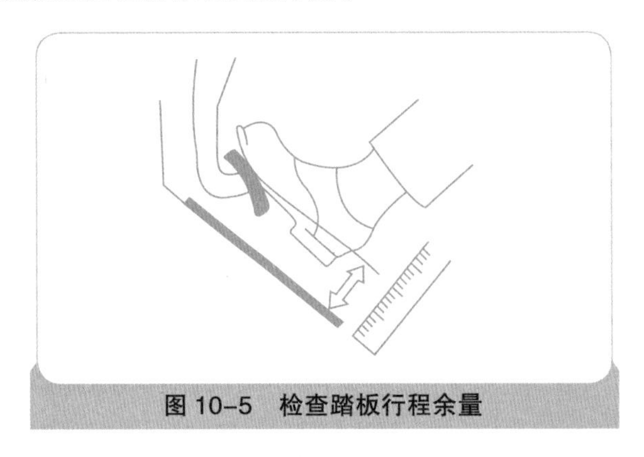

图 10–5 检查踏板行程余量

3. 项目评价

制动器踏板检查与调整项目评价表如表 10–1 所示。

表 10–1 项目评价表

序号	作业项目	配分总值	评分标准	扣分	得分	备注
1	准备工作：反复踩放制动踏板，检查踏板的松动和响应情况	5 分	1）将检查结果填写到作业表上； 2）少填写一项扣 1 分			
2	制动踏板自由高度的检查与调整	5 分	1）先测量制动踏板的自由高度，再与标准值相比较，判断是否需要调整，否则扣分； 2）需调整的进行调整； 3）将测量值、标准值和调整值填写在作业表上，否则扣分			
3	制动踏板自由行程的检查与调整	10 分	1）先测量制动踏板的自由行程，再与标准值相比较，判断是否需要调整，否则扣分； 2）需调整的进行调整； 3）将测量值、标准值和调整值填写在作业表上，否则扣分			
4	安全文明	5 分	1）非规范操作扣 1 分； 2）操作现场不整洁扣 1 分； 3）现场未整理扣 1 分			
合计						

制动器踏板检查与调整作业表如表 10–2 所示。

表 10–2　制动器踏板检查与调整作业表

1. 检查制动器踏板工作情况 反复踩放离合器踏板，将离合器踏板的工作情况填写在下面： 踏板回位情况：＿＿＿＿＿＿＿＿＿＿＿＿＿＿＿＿。 踏板连接情况：＿＿＿＿＿＿＿＿＿＿＿＿＿＿＿＿。 踏板响声情况：＿＿＿＿＿＿＿＿＿＿＿＿＿＿＿＿。 感觉踏板力：＿＿＿＿＿＿＿＿＿＿＿＿＿＿＿＿。 2. 测量制动器踏板高度 查阅维修手册，获取制动器踏板高度标准值为：＿＿＿＿＿＿＿＿mm。 测量实际制动器踏板高度为：＿＿＿＿＿＿＿＿mm。 3. 完成制动器踏板高度的调整。 4. 测量制动器踏板自由行程。 查阅维修手册，获取制动器踏板自由行程标准值为：＿＿＿＿＿＿＿＿mm。 实际制动器踏板自由行程为：＿＿＿＿＿＿＿＿mm。 5. 完成制动器踏板自由行程的调整。

（二）传动系统（离合器）

1. 知识技能

（1）离合器概述

离合器安装在发动机与变速器之间，是车辆传动系统中直接与发动机相联系的总成件。通常离合器与发动机曲轴的飞轮组安装在一起，是发动机与车辆传动系统之间切断和传递动力的部件。在车辆从起步到正常行驶的整个过程中，驾驶员可根据需要操纵离合器，使发动机和传动系统暂时分离或逐渐接合，以切断或传递发动机向传动系统输出的动力。它的作用是使发动机与变速器之间能逐渐接合，从而保证车辆平稳起步；暂时切断发动机与变速器之间的联系，以便于换挡和减少换挡时的冲击；当车辆紧急制动时能起分离作用，防止变速器等传动系统过载，从而起到一定的保护作用。

（2）离合器机构及零部件

手动变速的车辆可以通过操纵离合器踏板来接通或切断发动机的动力。

离合器机构如图 10–6 所示。

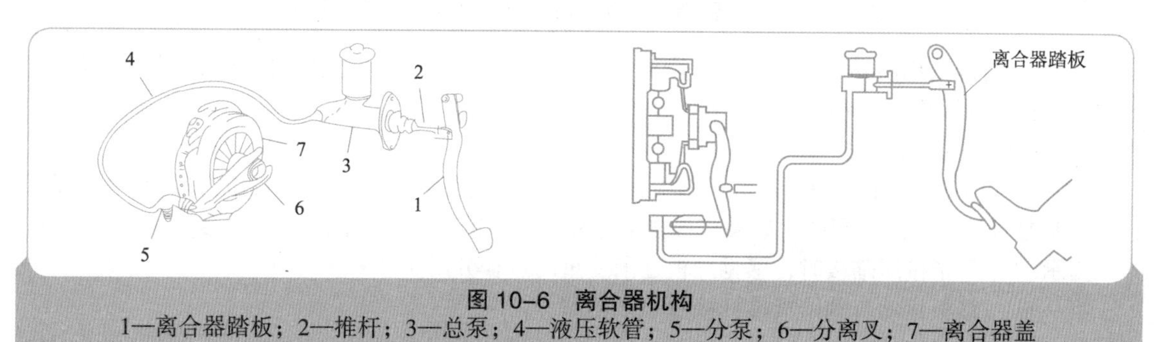

图 10–6　离合器机构

1—离合器踏板；2—推杆；3—总泵；4—液压软管；5—分泵；6—分离叉；7—离合器盖

离合器零部件如图 10-7 所示。

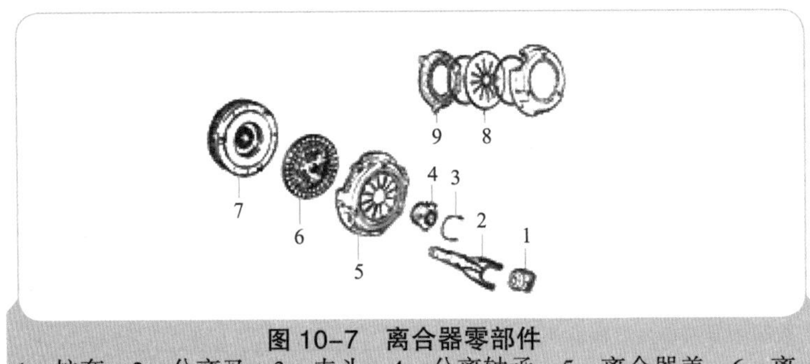

图 10-7　离合器零部件
1—护套；2—分离叉；3—夹头；4—分离轴承；5—离合器盖；6—离合器盘；7—飞轮；8—序片弹簧；9—压盘

2. 操作技能——离合器踏板的检查与调整

（1）离合器踏板的检查

踩下离合器踏板时，应该不存在下述故障：①踏板回弹无力；②异常噪声；③过度松动；④感觉踏板重。

具体检查内容如下。

1）检查踏板高度

如图 10-8（a）所示，使用一把测量标尺检查离合器踏板高度是否处于标准值以内。如果踏板高度超出标准范围，则调整踏板高度。

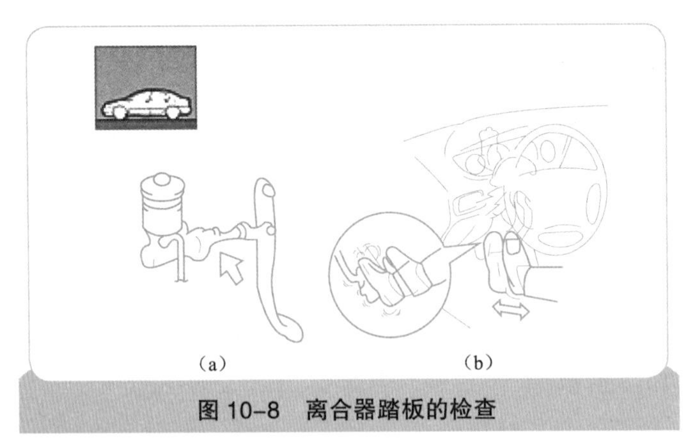

图 10-8　离合器踏板的检查

提示：测量从地面到离合器踏板上表面的距离。如果必须要从地毯表面开始测量，则从标准值中扣除地毯的厚度，或者地毯和沥青纸毡的厚度。

2）检查踏板自由行程

如图 10-8（b）所示，用手指按压踏板并使用一把测量标尺测量踏板的自由行程量，检查踏板自由行程是否处于标准范围内。如果踏板自由行程超出标准范围，则调整踏板高度。

提示：用手指按压踏板时，感觉踏板逐渐变重的过程分两步。

第一步：踏板运动直到踏板推杆接触总泵活塞。

第二步：踏板运动直到总泵引起液压上升。

离合器分离轴承推动膜片弹簧以前，随着踏板发生一定量的移动，踏板自由行程即被确定。

（2）离合器踏板的调整

1）踏板高度的调整（参照图 10-9（a））：
①松开调整螺栓的锁止螺母。
②转动调整螺栓直到踏板高度正确。
③紧固限位螺栓锁止螺母。

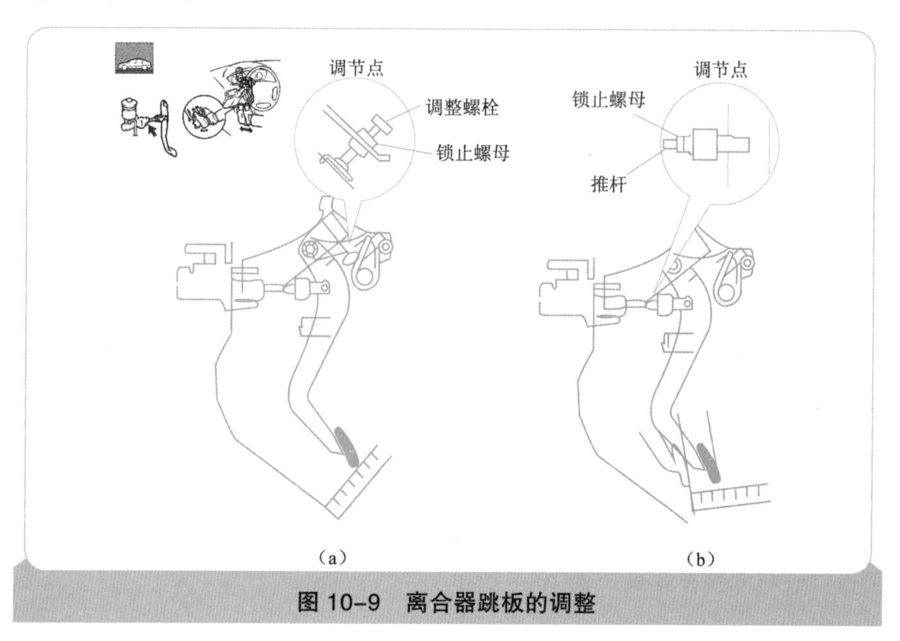

图 10-9　离合器跳板的调整

2）踏板自由行程的调整（参照图 10-9（b））：
①松开推杆锁止螺母。
②转动踏板推杆直到踏板自由行程正确。
③紧固推杆锁止螺母。
④调整好踏板自由行程之后，检查踏板高度，如图 10-10 所示。

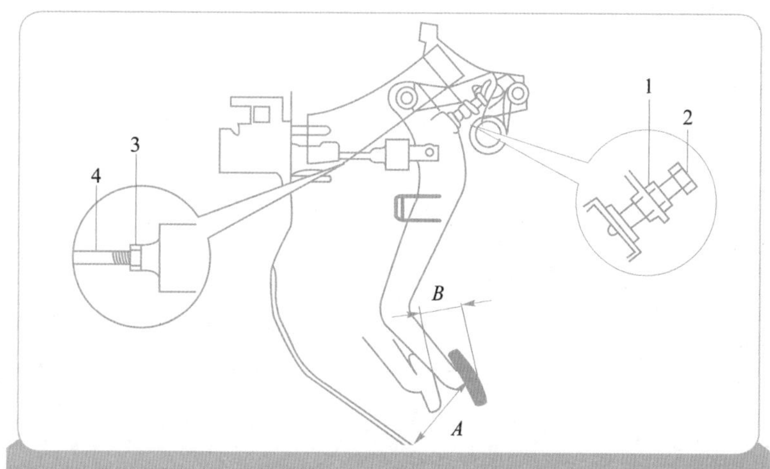

图 10-10　检查踏板高度
A—踏板高度；B—踏板自由行程；
1—调整螺栓锁止螺母；2—调整螺栓；3—推杆锁止螺母；4—踏板推杆

3. 项目评价

离合器踏板检查与调整项目评价表如表 10–3 所示。

表 10–3 项目评价表

序号	作业项目	配分总值	评分标准	扣分	得分	备注
1	准备工作：反复踩放离合器踏板，检查踏板的松动和响应情况	5 分	1）将检查结果填写到作业表上； 2）少填写一项扣 1 分			
2	离合器踏板自由高度的检查与调整	5 分	1）先测量离合器踏板的自由高度，再与标准值相比较，判断是否需要调整，否则扣分； 2）需调整的进行调整； 3）将测量值、标准值和调整值填写在作业表上，否则扣分			
3	离合器踏板自由行程的检查与调整	10 分	1）先测量离合器踏板的自由行程，再与标准值相比较，判断是否需要调整，否则扣分； 2）需调整的进行调整； 3）将测量值、标准值和调整值填写在作业表上，否则扣分			
4	安全文明	5 分	1）非规范操作扣 1 分； 2）操作现场不整洁扣 1 分； 3）现场未整理扣 1 分			
总计						

离合器踏板检查与调整作业表如表 10–4 所示。

表 10–4 离合器踏板检查与调整作业表

1. 检查离合器踏板工作情况 反复踩放离合器踏板，将离合器踏板的工作情况填写在下面： 踏板回位情况：________________。 踏板连接情况：________________。 踏板响声情况：________________。 感觉踏板力：________________。 2. 测量离合器踏板高度 查阅维修手册，获取离合器踏板高度标准值为：________________mm。 测量实际离合器踏板高度为：________________mm。 3. 完成离合器踏板高度的调整 . 4. 测量离合器踏板自由行程 查阅维修手册，获取离合器踏板自由行程标准值为：________________mm。 实际离合器踏板自由行程为：________________mm。 5. 完成离合器踏板自由行程的调整。

职业技能鉴定农机修理工（中级）理论参考复习题

一、单选题

1. （　　）包括职业道德意识、职业道德守规、职业道德行为规范，以及职业道德培养、职业道德品质等内容。

A. 职业素质　B. 职业规范　C. 职业品质　D. 职业道德

2. 从业人员树立良好的（　　），遵守职业守则，有利于个人品质的提高和事业的发展。

A. 职业守则　B. 职业道德　C. 道德伦理　D. 职业观念

3. 气焊和电焊相比（　　）。

A. 气焊火焰温度较高　B. 温度在焊区没差别

C. 气焊火焰温度高很多　D. 气焊火焰温度低

4. 农机修理工在从业过程中要遵守（　　），不要投机取巧。

A. 党纪国法　B. 劳动纪律　C. 集体利益　D. 行业规范

5. 润滑脂的耐热指标为（　　）。

A. 滴点　B. 凝点　C. 沸点　D. 黏度

6. 在机械图样中，（　　）用于轴线、对称中心线。

A. 细实线　B. 点画线　C. 波浪线　D. 粗实线

7. 机械制图的图样是采用投影线（　　）于投影面的平行投影的正投影方法绘制的。

A. 倾斜　B. 垂直　C. 右偏　D. 左偏

8. 当有对称平面，即对称、内外形状都需要表达的机件，最好采用（　　）。

A. 全剖视　B. 旋转剖视　C. 半剖视　D. 局部剖视

9. 剖面图有（　　）和重合剖面两种。

A. 断裂剖面　B. 全剖面　C. 半剖面　D. 移出剖面

10. （　　）只需画出被剖切面的断面形状。

A. 剖面图　B. 俯视图　C. 半剖视图　D. 剖视图

11. 尺寸偏差是指极限尺寸与（　　）的代数差。

A. 轮廓尺寸　B. 实际尺寸　C. 基本尺寸　D. 外形尺寸

12. 尺寸公差等于（　　）与下偏差的代数差的绝对值。

A. 上偏差　B. 公差　C. 几何公差　D. 尺寸公差

13. 重载车辆应选择（　　）的齿轮油。

A. 黏度小　B. 黏度大　C. 中等黏度　D. 一般黏度

14. 在 HM32、HM46、HM68、HM100 四种牌号的液压油中，（　　）的黏度最大。

A. HM32　B. HM46　C. HM68　D. HM100

15. 1 kgf/cm^2=（　　）Pa。

A. 9.8×10^4　B. 9.8×10^5　C. 98×10^4　D. 10×10^4

16．相同的内径，外径最小，径向结构最紧凑的是（　　）。

A．深沟球轴承　　B．推力轴承　　C．滚针轴承　　D．圆锥轴承

17．油封的功能是（　　），当前已作为标准件供应。

A．防止润滑油泄漏和阻止异物进入机器内部

B．润滑

C．减少磨损

D．帮助散热

18．用来固定两个零件的相对位置，且可传递不大的力和力矩的螺纹连接是（　　）。

A．双头螺栓连接　　B．一般螺钉连接　　C．螺栓连接　　D．紧定螺钉连接

19．当锉削软金属时，最好选用（　　）。

A．细锉刀　　B．油光锉　　C．什锦锉　　D．粗锉刀

20．铸铁焊修中容易产生气孔、裂纹和（　　）。

A．灰口组织　　B．白口组织　　C．变形　　D．氧化

21．工件钻孔时，应先用（　　）冲出定位中心孔，不易钻偏。

A．铁钉　　B．麻花钻

C．60 ℃锥角中心冲　　D．油槽錾

22．在钳工台虎钳上（　　）时，只能用手转动手柄，不能用套管增长手柄长度。

A．钻削工件　　B．加工工件　　C．夹紧工件　　D．锉削工件

23．工件焊后如发现咬边、烧穿，通常原因是（　　）。

A．电焊电流太小　　B．焊前工件接头处有油污

C．电焊条未烘干　　D．电焊电流太大，焊条直径过小

24．配合有 3 种类型：间隙配合、过盈配合和（　　）。

A．配制配合　　B．孔轴配合　　C．装配配合　　D．过渡配合

25．铸铁中的碳以圆球形石墨形态存在，故称为（　　）。

A．球墨铸铁　　B．灰铸铁　　C．白口铸铁　　D．可锻铸铁

26．选用机油时，主要考虑（　　）。

A．机油油性　　B．耐蚀性　　C．黏度与气温　　D．其热氧化安定性

27．空气滤清器的作用是滤除空气中的（　　），将清洁的空气送入气缸内。

A．机油　　B．水分

C．氮气与惰性气体　　D．杂质和灰尘

28．通常制造散热器管的材料是（　　）。

A．有色金属　　B．青铜　　C．巴氏合金　　D．黄铜

29．高锡铝合金具有较好的疲劳强度，常用于制造（　　）。

A．散热器管　　B．活塞

C．活塞环　　D．轴瓦的减摩合金层

30．冷却系能及时带走高温零件吸收的热量，使柴油机在（　　）的温度下工作。

A．80 ℃ ~90 ℃　　B．50 ℃ ~60 ℃　　C．100 ℃　　D．50 ℃

31．通常汽车应选用（　　）。

A．工业用溶剂汽油　　B．航空汽油

C．任何汽油　　D．车用汽油

32．通常发动机的气缸体及气缸盖形状复杂且受力也较大，其是用（　　）铸造的。

A．合金铸铁　　B．可锻铸铁　　C．球墨铸铁　　D．灰铸铁

33．爱岗就是热爱（　　）工作，敬业就是用一种恭敬严肃的态度对待自己的工作。

A．社会　　B．别人　　C．本职　　D．集体

34．用钢直尺测量圆柱体零件长度时，应使钢直尺刻线纵边与被测件的轴线（　　）。

A．垂直　　B．平行　　C．相交　　D．呈一定角度

35．（　　）的精度比钢直尺高，但比百分尺低。

A．钢卷尺　　B．塞尺　　C．百分表　　D．游标卡尺

36．使用游标卡尺测量时，视线（　　）。

A．可以不垂直所读刻线　　B．应垂直所读刻线

C．垂直不垂直刻线都可以　　D．应倾斜所读刻线一定角度

37．百分表的实际分度值是（　　）mm。

A．0.1　　B．0.01　　C．0.001　　D．1

38．三相交流电路由三相（　　）、三相输电线和三相负载等组成。

A．电阻　　B．电容　　C．电源　　D．电感

39．将三相负载的 3 个端头分别与电源的端线相接，再将每相负载的另一个端头接在一起，并与电源中线连接，这种接法称为三相负载（　　）。

A．保护接零法　　B．三角形接法　　C．节点电流法　　D．星形接法

40．三相负载采用（　　）时，将各相负载依次接在电源的两端线之间，负载的相电压就是线电压。

A．电压平衡法　　B．三角形接法

C．保护接零法　　D．星形接法

41．耙地用拖拉机属于（　　）。

A．一般用途拖拉机　　B．特殊用途拖拉机

C．收割用拖拉机　　D．田间耕地拖拉机

42．拖拉机型号由系列代号、（　　）、型式代号、功能代号和区别代号组成。

A．驱动力代号　　B．转矩代号　　C．标准代号　　D．功率代号

43．（　　）最高设计车速不大于 70 km/h，最大设计总质量不大于 4 500 kg。

A．三轮农用运输车　　B．四轮农用运输车

C．牵引车　　D．大客车

44．使用内径百分表测量时，如果大指针摆动的极限位置没有达到零位，则说明（　　）。

A．被测孔直径与标准尺寸没关系　　B．被测孔直径等于标准尺寸

C．被测孔直径小于标准尺寸　　D．被测孔直径大于标准尺寸

45．（　　）由电源、负载、开关和连接导线 4 部分组成。

A．通路　　B．短路　　C．用电器　　D．电路

46．欧姆定律公式为（　　）。

A．$R=\rho L/S$　　B．$U=L\,di/dt$　　C．$i=du/dt$　　D．$U=IR$

47．以下描述属于电阻串联特性的为（　　）。

A．$U=U_1+\cdots+U_n$　　B．$1/R=1/R_1+\cdots+1/R_n$

C．$I=I_1+\cdots+I_n$　　D．$U=U_1\cdots U_n$

48．通电直导体磁场方向用右手螺旋定则判定，手握导线，其伸直大拇指所指方向是（　　）。

A．磁场方向　　B．电压方向　　C．运动方向　　D．电流方向

49．右手握住线圈，弯曲四指所指方向是电流方向，伸直拇指所指方向是（　　）。

A．电场方向　　B．磁场方向　　C．电压方向　　D．受力方向

50．组成（　　）的两个线圈必须绕在同一铁芯上。

A．交换器　　B．变频器　　C．互感器　　D．变阻器

51．“三包”规定中对（　　）规定：在农忙季节有及时排除产品故障的能力和措施。

A．使用人员　　B．看管人员　　C．农机修理者　　D．驾驶人员

52．农机维修点开业应具备设备、设施、人员、质量管理、安全生产及（　　）等条件。

A．环境保护　　B．厂房场地　　C．制度制约　　D．销售服务

53．汽油靠近火源放置，违反了农机维修生产一般安全技术的（　　）。

A．维修人员的衣着　　B．作业环境的安全

C．各项作业的安全注意事项　　D．维修车间的防火

54．将电器设备的金属外壳与中性线相连接的方法是（　　）。

A．保护接地　　B．保护接零　　C．形成电路　　D．形成回路

55．（　　）作为维修用手提工作灯的安全电压。

A．36　　B．24　　C．12　　D．110

56．造成触电事故的因素有很多，其中操作者（　　）是造成触电事故的因素之一。

A．勤于思考　　B．坚守岗位　　C．过于严肃　　D．思想麻痹

57．切断电源后，若触电者伤势较重，则应（　　）。

A．仰卧平放　　B．人工呼吸

C．仰卧平放和人工呼吸　　D．送医院抢救

58．（　　）润滑脂抗水性好，不耐热和低温，适宜在农机具大部分轴承中使用。

A．钙基　　B．钠基　　C．锂基　　D．钙钠基

59．在机器修理过程中，最容易产生（　　），应收集起来送去精练处理。

A．乳化液　　B．废漆　　C．有机溶剂　　D．废油

60．三相负载采用星形接法时，应将由每相负载一个端头所接成的公共点接在电源的（ ）上。

A．端线　　B．搭铁线　　C．接地线　　D．中线

61．换用新件或修复件登记应填写的内容是（　　）。

A．零件名称、规格、数量

B．零件名称、数量、供货来源

C．零件名称、规格、数量、供货来源及价格等

D．零件名称供货来源及价格

62．车用汽油应根据发动机的压缩比来选用，压缩比高应选用（　　）牌号的汽油。

A．低　　B．高　　C．中　　D．无要求

63．柴油主要根据动力机械使用地区的温度来选定，要求使用柴油凝点应低于当地气温（　　）。

A．3 ℃~5 ℃　　B．5 ℃~10 ℃　　C．10 ℃~15 ℃　　D．15 ℃~20 ℃

64．抗磨液压油用于压力大于（　　）、使用条件苛刻的系统，有HM32、HM46、HM68等型号，拖拉机、联合收获机及工程机械应先用此种油。

A．10 MPa　　B．20 MPa　　C．25 MPa　　D．30 MPa

65．三轮运输车最高设计车速不大于（　　），最大设计总质量不大于 2 000 kg。

A．70 km/h　　B．60 km/h　　C．50 km/h　　D．65 km/h

66．（　　）制造简单，工作可靠，拆装方便，广泛应用于高精度、高速或承载交变载荷、冲击场所。

A．平键　　B．半圆键　　C．楔键　　D．钩头键

67．錾削硬材料如铸铁时，应用（　　）錾子的楔角，应按被加工材料软硬程序选择。

A．60°~77°　　B．60°~70°　　C．40°~50°　　D．30°~40°

68．用麻花钻在车床上钻孔，钻孔直径大于（　　）mm，最好分两次钻孔，先钻相当于 0.5~0.7 mm 孔径的较小孔。

A．30　　B．20　　C．25　　D．35

69．拖拉机按结构分为轮式拖拉机、履带式拖拉机、手扶式拖拉机及（　　）拖拉机。

A．特种　　B．船式　　C．坡地　　D．山地

70．“农业机械产品修理、更换、退货责任规定”简称三包规定，产品在“三包”期内发生故障，修理者应在送修之日起（　　）日内排除故障并保证正常使用。

A．40　　B．30　　C．20　　D．10

71．使用手工绞削加工时，绞刀中心线要与孔的中心线尽量保持（　　）。

A．重合　　B．平行　　C．垂直　　D．45°

72．农机修理质量既包含机器的修理质量，又包含服务质量。一方面要树立质量第一的思想，把好修理质量关，确保所承修的项目符合（　　）要求；另一方面要树立为农业服务、为用户服务的思想，严格遵循农机修理工职业守则，不断提高服务水平，以达到机器修理质量和服务质量的全优。

A．修理国家质量标准　　B．修理地方质量标准

C．修理质量标准　　D．修理厂质量标准

73．把好修理质量关要求做到：①严格执行技术标准和质量检验要求，坚持原则，把好质量关；②配备与检验项目相应的仪表、量具和试验器具、设备；③把好外购件、自制件和修复件的质量关，不合格的零件严格不装机；④（　　），层层把关。只有这样，才能确保修理机器的质量。

A．建立自检制　　B．建立互检制

C．建立专检制　　D．建立自检、互检制

74．技术诊断的基本原则之一是以变识病。把观察和收集到的不正常表现与（　　）的表现进行比较，确定是否达到了有故障征象的程度。

A．技术状态变化范围　　B．技术情况变化范围

C．技术状态适应范围　　D．技术状态允许范围

75．客观诊断法是通过相关的仪器、设备和工具（　　），所以它能准确、迅速地找到故障的真实原因，增强了人们分析和排除故障的能力。

A．定性地采集所需诊断的参数　　B．定量地采集所需诊断的参数

C．定位地采集所需诊断的变化参数　　D．定点地采集所需诊断的状态

76．发动机冒黑烟的原因很多，主要原因是燃油燃烧不完全。具体原因可能是供油时间太迟，燃油来不及充分燃烧；（　　）必然使燃油不能完全燃烧；还有活塞、活塞环、缸套磨损严重等。

A．气门间隙正确或进气量不足　　B．气门间隙不正确或进气量足

C．气门间隙不正确或进气量不足　　D．气门间隙正确或进气量足

77．发动机冒白烟，如果燃油中有水，可能是（　　），要查明原因加以排除。

A．缸盖、缸垫之间有渗水处　　B．缸垫、缸套之间有渗水处

C．缸盖有渗水处　　D．缸盖、缸垫、缸套之间有渗水处

78．发动机冒蓝烟的可能原因是（　　），空气滤清器油盘油面过高，活塞环积炭卡死或过度磨损；对于大修后的发动机，还有可能是因为缸套和活塞环没磨合好。可针对故障的原因采取对应的排除措施。

A．齿轮箱油面过高　　B．曲轴箱油面过高

C．曲轴箱油面过低　　D．机油箱油面过高

79．气缸压缩压力的大小反映缸套、活塞、活塞环的磨损程度，气门及气门座的密封性、气缸垫的密封性及进气系统阻力大小等（　　）。

A．情况　　B．状态　　C．变化　　D．参数

80．气缸压力检查仪器由量程为 4~6 MPa 压力表、单向阀、（　　）、接头螺母、测压头等构成。

A．双向阀　　B．溢流阀　　C．放气阀　　D．安全阀

81．测气缸压力时，先将发动机预热到规定温度，然后熄火，拆下喷油器，换装压力表总成，节气门置于最小位置（不供油），减压手柄放在工作位置，用起动机带动主机以规定转速运转，测定压力表读数（　　）。

A．最小值　　B．平均值　　C．任意值　　D．最大值

82．柱塞偶件进、出油孔处磨损后对供油的影响是：供油晚，停油早，供油压力下降，循环供油量减少，各缸供油量及供油时间（　　）。

A．增加　　B．减少　　C．不均匀　　D．改变

83．燃油系统便携式诊断仪器主要由压力表(最大量程 60 MPa)、三通阀体和（　　）等零件所组成。

A．低压油管　　B．单向阀　　C．双向阀　　D．高压油管

84．用燃油系统便携式诊断仪器进行柱塞偶件严密性诊断：此时须用油堵将接头堵住，用起动机带动主机(主机减压)并将节气门逐步拉到供油位置，测定最大出油压力值。新柱塞偶件的最大出油压力可达 60 MPa。当磨损后此压力达不到（　　）时，柱塞就不能正常工作。

A．30 MPa　　B．20 MPa　　C．40 MPa　　D．50 MPa

85．以下是柱塞偶件严密性的诊断方法：拆下喷油器，换装压力表总成，用起动机带动主机（主减压），将节气门逐步拉到供油位置，测定最大出油压力值。当此压力降低到（　　）MPa 时，柱塞就不能正常工作。

A．10　　B．20　　C．15　　D．30

86．要诊断出油阀的严密性，需拆下喷油器，换装压力表总成，用起动机带主机（主减压）供油。对出油阀严密性的要求是：油压从 20 MPa 下降到 18 MPa 所经时间不低于（　　）s。

A．120　　B．130　　C．140　　D．150

87．用听诊器判断离合器分离轴承缺润滑油的诊断方法是将离合器踏板踩到底，若听到（　　）异声，说明分离轴承损坏。

A．沙沙　　B．哗哗　　C．咚咚　　D．哐哐

88．当拖拉机在中高转速作业时，电流表应当指示 +6 A 值，如果电流表示值大于（　　），则说明充电电流过大。

A．+6 A　　B．+10 A　　C．+18 A　　D．+15 A

89．车上电流表在发动机运转时的正常示值应稳定在（　　）。因此，可以根据电流表示值的变化来诊断充电电流的故障。

A．2 A　　B．4 A　　C．8 A　　D．6 A

90．充电时电解液中产生褐色物质，这主要是极板上的活性物质（　　）脱落，会造成蓄电池容量不足。

A．铅　　B．铅锑合金　　C．二氧化铅　　D．硫酸铅

91．将蓄电池（　　），倒掉电解液，用蒸馏水清洗后，换用新电解液，可排除自行放电故障。

A．完全充电　　B．极板短路　　C．极性颠倒　　D．全部放电

92．蓄电池在不工作的情况下，逐渐失去电量的现象称为（　　）。

A．自行放电　　B．放电　　C．自行缺电　　D．自行失电

93．蓄电池每小格的电压为（　　）。

A．1 V　　B．2 V　　C．6 V　　D．12 V

94．（　　）轴承同时能承受径向负荷与轴向负荷。

A．向心　　B．推力　　C．向心推力　　D．滚子

95．用划火法对直流发电机励磁绕组进行检查：从调节器磁场接线柱上拆下导线，然后用该导线在调节器电池接线柱上划火，如火花很强，同时飞出很远的火星，发出“啪”的响声，说明（　　）。

A．励磁绕组良好　　B．接触不良

C．接线柱或靠近接线柱线圈搭铁　　D．断路

96．用短路划火法检查发电机的发电状况（以内搭铁发电机为例）：在发电机以中等以上速度运转时，用导线或螺钉旋具将电枢接线柱和磁场接线柱连接起来，然后用另一螺钉旋具使电枢接线柱与壳体相碰，若出现暗红色火花，说明（　　）。

A．超常发电　　B．发电正常　　C．发电不足　　D．不发电

97．液压系统总体诊断一般检查：在多次升降动作中，观察油泵有无啸叫、过热，分配器的滑阀定位是否可靠，回位是否敏捷，油缸活塞动作是否平顺。将分配器置于“提升”位置（　　），观察有无漏油情况。

A．0.5 min　　B．1 min　　C．1.5 min　　D．2 min

98．零件达到使用极限时，有关（　　）参数值称为使用极限指标。

A．性能　　B．结构　　C．技术　　D．功能

99．每一个零部件都具有（　　）。如其过严，则造成浪费；如其过松，则有可能造成不应有的事故。

A．使用年限指标　　B．使用成本

C．最大工作效率　　D．使用极限指标

100．用水压试验法可检验无法直接发现的缸体细小的内部裂纹：在 0.3~0.4 MPa 压力下，经（　　）min 不应有渗水现象。

A．1~2　　B．2~3　　C．3~4　　D．4~5

101．下列属于气缸在磨损后测量的部位的是（　　）。

A．活塞运动到顶点时与气缸对应的位置

B．活塞运动到低部时与气缸对应的位置

C．活塞上止点时，活塞裙部下端与气缸壁对应的位置

D．活塞下止点时，活塞裙部下端与气缸壁对应的位置

102．气缸需修理的条件是，当缸壁的最大磨损量、圆度、圆柱度、缸壁与活塞的配合间隙中的任何一项达到或超过（　　）时，应镗削缸套，换用相应修理尺寸的活塞及活塞环。

A．标准值　　B．极限值　　C．允许值　　D．最大值

103．出油阀偶件的磨损主要发生在密封锥面、（　　）和导向部分。

A．平面　　B．增压环带　　C．减压环带　　D．棱面

104．待磨气门的气门杆弯曲度应保证在 100 mm 长度上下大于（　　）mm。磨削后的气门头部圆柱部分的厚度应不小于 0.5 mm；气门锥面相对气门杆的摆差应小于 0.05 mm。

A．0.015　　B．0.02　　C．0.025　　D．0.03

105．变速箱齿轮齿面渗碳层轻微剥落时，可用（　　）将剥落处的锐边磨圆，继续使用；剥落严重时，应更换。

A．锉刀　　B．油石　　C．砂轮　　D．砂纸

106．使用游标卡尺读数时，能真实读取的数据最小位置为（　　）。

A．0.02 mm　　B．0.01 mm　　C．0.05 mm　　D．0.10 mm

107．在一般情况下，应使百分尺和被测工件具有（　　）。

A．相同高度　　B．充分接触　　C．相同温度　　D．相同材质

108．百分表的表盘沿圆周刻有（　　）等份。

A．50　　B．100　　C．60　　D．120

109．利用内径百分表测量时，测量头与被测表面接触时，测量杆应预先有（　　）的压缩量，要保持一定的初始测力，以免负偏差测不出来。

A．0.1~0.3 mm　　B．0.3~1 mm

C．1~1.3 mm　　D．1.3~2 mm

110．内径百分表的可换头有 4 种尺寸，下列错误的是（　　）。

A．10~18 mm　　B．15~18 mm　　C．18~25 mm　　D．50~160 mm

111．标准公差是指国家标准中用（　　），用以确定公差带大小的任一公差值。

A．函数形式列出　　B．坐标图列出

C．偏差位置图表达　　D．表格列出

112．国家标准规定孔和轴的公差带相对于零线都有（　　）位置。

A．14 种　　B．56 种　　C．8 种　　D．28 种

113．自由尺寸一般使用于（　　），因为这些尺寸对公差要求较低。

A．非配合尺寸　　B．配合尺寸　　C．形状公差　　D．位置公差

114．实际轮廓线对理想轮廓线所允许的变动量称为（　　）公差。

A．面轮廓度　　B．直线度　　C．不直度　　D．线轮廓度

115．表面粗糙的零件造成降低疲劳强度的结果是由于（　　）。

A．表面层易产生变形　　B．易产生应力集中

C．易生锈　　D．易磨损

116．表面粗糙度的基本符号单独使用（　　）。

A．有时可以　　B．能明确目的　　C．有意义　　D．没有意义

117．适合磨削铸铁、黄铜、铝、耐火材料及非金属材料的砂轮磨料是（　　）。

A．棕刚玉　　B．黑碳化硅

C．绿碳化硅　　D．立方氮化硼

118.（　　）式绞刀绞孔时切削平稳，绞出的孔壁光滑精度较高，适用于绞削度要求较高的孔。

A．机用绞刀　　B．手用绞刀

C．螺旋槽手用绞刀　　D．圆锥绞刀

119．建立修理技术档案是掌握和分析机器技术状态，以便采取相应的修理措施修好机器的主要依据，也是（　　）和在交付使用后发生问题时检查分析原因的依据，用于明确事故原因，判断事故的责任。

A．修理国家质量标准　　B．修理地方质量标准

C．修理质量标准　　D．修理厂质量标准

120．利用刮刀在工件表面刮掉一层（　　）的金属层的操作方法称为刮削。

A．很厚　　B．很硬　　C．很软　　D．很薄

二、判断题

1．（　　）职业道德是指从事一定职业的人员在工作和劳动过程中所应遵守的、与职业活动紧密联系的道德规范。

2．（　　）从适应范围上看，职业道德具有广泛性，在形式上具有多样性。

3．（　　）职业道德基本规范只包括“爱岗敬业，忠于职守；诚实守信，办事公道；服务群众，奉献社会”这 3 项内容。

4．（　　）职业素质不包括思想政治素质。

5．（　　）“遵守规程，保证质量”不是农机修理工应遵守的职业守则内容之一。

6．（　　）诚实守信是为人之本、从业之要，是衡量劳动者素质的基本尺度。

7．（　　）文明礼貌是职业道德的重要规范，也是人类社会进步的重要标志。

8．（　　）铸造铝合金很少应用。

9．（　　）天然橡胶的综合性能很好，而且耐油、耐老化和耐高温。

10．（　　）塞尺常用来检验相互配合表面之间的间隙大小。

11．（　　）使用塞尺测量间隙只能将单片插入间隙内。

12．（　　）百分尺的测量精度比游标卡尺高。

13．（　　）在磁场中通电导体受到安培力作用的方向判定用右手定则。

14．（　　）由电磁感应原理在线圈的铁心内形成的旋涡状感应电流称脉冲电流。

15．（　　）电流、电压或电动势的大小和方向随时间做周期性变化的称直流电。

16．（　　）发动机的曲柄连杆机构不包括曲轴。

17．（　　）农机具产品的类别代号可不在型号中标出。

18．（　　）农机维修服务在时间上没有明确规定。

19．（　　）维修车间禁止吸烟、使用明火是防火措施之一。

20．（　　）农机修理对环境没有什么污染。

21．（　　）修理单位必须认真填写修理档案材料，并加强管理工作。它主要包括接车记录和交车记录。

22．（　　）气焊粉的作用是抗氧化、保持金属强度，适用于有色金属融合。

23．（　　）环氧树脂通常为单组分，液状，耐热性、耐溶剂性差。

24．（　　）聚丙烯酸酯修补胶为单组分，隔绝空气后室温固化，耐温 100℃以下。

25．（　　）不受力的金属与非金属材料的快速粘接与定位常用聚丙烯酸酯修补胶。

26.（　　）退火包括高温退火、中温退火和低温退火等。

27.（　　）按照零件检验分类标准将拖拉机拆卸清洗后的零件分为可用的、报废的和待修的3类。

28.（　　）在现实农机修理中，普遍采用换件修理法，维修质量，很大程度上取决配件的质量，控制维修配件质量是保证修理质量的重要环节。在维修配件市场质量良莠不齐的情况下，其更有重要的现实意义。

29.（　　）控制维修配件质量要做好两点：①把好选购关；②做好配件的选用关。

30.（　　）主观诊断法是通过人的耳、眼、口感觉器官，采用望诊、听诊、问诊方法获得技术状态的信息，靠人们的实践经验做出判断的方法。

31.（　　）蓄电池充电时，过早产生气泡，电压和温度、电解液密度都迅速升高，是极板硫化的现象。

32.（　　）零件的损坏形式包括：尺寸因磨损发生变化，几何形状发生变化，表面的相互位置发生变化。

33.（　　）绞刀一般有整体式圆柱绞刀、可调节手用绞刀、螺旋槽手用绞刀3种类型。

34.（　　）安装螺纹车刀时，应注意刀尖角平分线与工件轴线严格保持平行，即两牙形半角相等。

35.（　　）磨削粗磨时，磨削余量小，应选粗度号大的磨具，以保证高的生产率。

36.（　　）从理论上讲，研磨的运动轨迹应当尽量不重复，以避免工件偏磨。

37.（　　）氧－乙炔氧化焰的最高温度为3 700 ℃。

38.（　　）高温回火可以消除应力，稳定组织，同时可使焊缝和热影响区中的氢及时逸出。

39.（　　）用火花鉴别的方法可以查明钢铁的硬度和强度，而且方法简单、较为可靠，操作人员很容易掌握。

40.（　　）压力矫正是指利用施加正变形的外界压力，使工件向与原变形相同的方向变形，从而消除原变形。

41.（　　）为保证犁体容易入土和耕深稳定性，主犁体装好后应具有一定的垂直间隙和水平间隙。

42.（　　）圆盘耙耙片不入土及耙深不够的主要原因是耙的偏角太大，加重太重。

43.（　　）外槽轮式排种器排种量主要取决于槽轮的长度和转速。

44.（　　）Ⅱ号喷油泵的油量控制机构用来转动柱塞，改变循环供油量，以及调整各缸供油量的均匀性。

45.（　　）活塞环在活塞环槽内不得有卡阻现象。安装扭曲环时，环的外侧带切槽一面朝向下方。

46.（　　）在试验器上对喷油器以20~30次/min的频率进行喷雾试验，当喷射结束时，允许喷油头有滴漏现象。

47.（　　）中耕机械除草铲的入土角是铲刃与机器前进方向的夹角。

48.（　　）氧气割广泛应用于切割低、中碳钢及合金钢，也可用于切割铸铁、铜、铝等金属。

49.（　　）脱粒间隙对脱粒质量有很大的影响，间隙小可提高脱净率。

50.（　　）图样上给定的几何公差和尺寸公差有关，分别满足各自要求的公差原则，即独立公差原则。

51.（　　）柱塞副、出油阀副磨损严重，只会使低速供油不足，不会使柴油机不能起动。

52. （　　）机油泵磨损严重，会造成内漏，泵油压力过低。

53. （　　）碳素钢的强度随含碳量的增加而降低，韧性、塑性随含碳量的增加而提高。

54. （　　）调整拖拉机中央传动齿轮应以啮合间隙为主，啮合印痕应尽可能符合要求。

55. （　　）变速箱轴承座孔轴线间的距离和平行度超过规定值时，可以用镶套后重新加工座孔修复。

56. （　　）蓄电池充电终了的标志是：单格电池的端电压上升到 12.9 V 左右，继续充电电动势不再上升。

57. （　　）切削运动是切削工具与工件间的相对运动。

58. （　　）在切削过程中，刀具切削部分只受到切削力和摩擦的作用。

59. （　　）不同材料，刀具的使用范围也不相同。

60. （　　）气焊适合焊接厚度大于 3 mm 的薄钢板和低熔点的有色金属和合金。

一、单选题

1	2	3	4	5	6	7	8	9	10
D	B	D	D	A	B	B	C	D	A
11	12	13	14	15	16	17	18	19	20
C	A	B	D	A	C	A	D	D	B
21	22	23	24	25	26	27	28	29	30
C	C	D	D	A	C	D	D	D	A
31	32	33	34	35	36	37	38	39	40
B	D	C	A	B	B	B	C	D	B
41	42	43	44	45	46	47	48	49	50
A	D	B	D	D	D	A	D	B	C
51	52	53	54	55	56	57	58	59	60
C	A	D	B	A	D	D	A	D	D
61	62	63	64	65	66	67	68	69	70
C	B	B	A	C	A	B	A	B	B
71	72	73	74	75	76	77	78	79	80
A	C	D	D	B	C	D	B	D	C
81	82	83	84	85	86	87	88	89	90
D	C	D	B	B	D	B	D	D	C
91	92	93	94	95	96	97	98	99	100
D	A	B	C	C	C	B	C	D	B
101	102	103	104	105	106	107	108	109	110
C	B	C	A	B	A	C	B	B	B
111	112	113	114	115	116	117	118	119	120
D	D	A	D	B	D	B	C	C	D

二、判断题

1	2	3	4	5	6	7	8	9	10
×	×	×	×	×	√	√	×	×	√
11	12	13	14	15	16	17	18	19	20
×	×	×	×	×	×	×	×	√	×
21	22	23	24	25	26	27	28	29	30
×	×	×	×	√	×	√	√	×	×
31	32	33	34	35	36	37	38	39	40
×	×	×	×	×	√	×	√	×	×
41	42	43	44	45	46	47	48	49	50
√	×	√	√	×	×	√	×	√	√
51	52	53	54	55	56	57	58	59	60
×	√	×	×	√	×	√	×	√	×

后 记

随着农业和农村经济的发展，我国农业机械数量逐年上升，与此相适应，各地建立了众多的维修网点。农业机械的维修工作显得越来越重要。特别是随着科学技术的发展，一些新型农业机械的应用，农机维修人员需要了解、掌握更为丰富的实用维修知识，结合相关的课程设计及教学要求，为提高农机修理工职业技能鉴定的质量，我们编写了这本《农机修理工（中级）理论与实操教程》。较为针对性地介绍了机械基础知识、农业机械基础知识、拖拉机故障诊断与排除等内容。以便于相关专业学生学好本门课程，掌握相关的知识技能，提高动手能力，快速、准确地判断出故障所在，从而简捷高效地排除故障。

参 考 文 献

[1] 祖国海，张小云. 汽车修理工（初·中级）[M]. 北京：机械工业出版社，2005.
[2] 张子波. 汽车修理工（高级）[M]. 北京：机械工业出版社，2005.
[3] 徐海港. 农业装备与车辆工程 [J]. 浙江：农业机械工业出版社，2009.
[4] 蔡小全. 农机使用与维修 [J]. 河北文化信息共享资源中心，2004.